"十三五"国家重点研发计划
"工业化建筑设计关键技术"项目研究成果

图解
装配式装修
设计与施工

 微视频教学

北京市保障性住房建设投资中心
北京和能人居科技有限公司　　编著

化学工业出版社

·北京·

本书以图纸、照片、视频与文字相结合的方式，引入以硅酸钙复合板和镀锌钢板为原材料的装配式装修技术体系，详细地介绍了该体系装配式装修在部品构造、集成设计、部品制造、装配施工、质量验收等全过程实施关键点，并结合应用案例分析，同时，关键施工步骤和做法还可以通过扫描二维码观看现场操作视频，为读者全面了解装配式装修技术及其应用提供全视角、立体式的阅读体验，为装配式装修的创新应用提供参考。

　　本书适合建筑设计单位、房地产开发单位的技术人员及设计管理人员使用，也可供施工单位、内装修单位以及高校相关人员参考。

图书在版编目（CIP）数据

　　图解装配式装修设计与施工：微视频教学/北京市保障性住房建设投资中心，北京和能人居科技有限公司编著. —北京：化学工业出版社，2019.4（2025.2重印）
　　ISBN 978-7-122-33776-4

　　Ⅰ.①图…　Ⅱ.①北…　②北…　Ⅲ.①室内装饰设计-图解②室内装饰-工程施工-图解　Ⅳ.①TU238.2-64②TU767-64

　　中国版本图书馆 CIP 数据核字（2019）第 027955 号

责任编辑：彭明兰　　　　　　　　　　文字编辑：冯国庆
责任校对：宋　玮　　　　　　　　　　装帧设计：王晓宇

出版发行：化学工业出版社（北京市东城区青年湖南街 13 号　邮政编码 100011）
印　　装：北京建宏印刷有限公司
787mm×1092mm　1/16　印张 14¾　字数 360 千字　2025 年 2 月北京第 1 版第 9 次印刷

购书咨询：010-64518888　　售后服务：010-64518899
网　　址：http://www.cip.com.cn
凡购买本书，如有缺损质量问题，本社销售中心负责调换。

定　　价：68.00 元

编写指导委员会

编写人员名单

序言一

　　当前，国家及地方发展装配式建筑的政策纷纷出台，市场规模持续扩大，开发企业、设计企业、施工企业、生产制造企业都热情高涨，积极投入到这场产业升级的浪潮中。北京市保障性住房建设投资中心（以下简称"北京保障房中心"），作为首都住房保障的排头兵，以"品质、创新、一流"为宗旨，打造品质高端、技术先进、功能一流的保障房。坚持以"不低于普通商品住房"为标准，在保障房建设过程中，以适应首都城市战略定位调整和建筑行业转型升级趋势为起点，围绕"建筑设计标准化、部品生产工厂化、现场施工装配化、结构装修一体化、维护保养专业化、过程管理信息化、建筑应用智能化"，大力推行住宅产业化。同时不断在保障房建设过程中向超低能耗、钢结构、被动房、BIM应用等领域不断研发，努力向首都市民提供节能、绿色、低碳、宜居的基本住房。

　　截至 2018 年 5 月，北京保障房中心实施的装配式技术的项目共计 54 个，房屋总套数 8.8 万套，地上总建筑面积 538.7 万平方米。这里面，既有单独实施装配式结构体系的项目，也有单独实施装配式装修技术体系的项目，但更多的是在一个项目里同时实施装配式结构技术及装配式装修技术。在《装配式建筑评价标准》发布后，我们也对几个有代表性的项目进行了自评价，即使是北京地区 80m 限高的项目，也实现了高装配率。如台湖公租房项目，建筑高度 79.9m，装配率达到 97.2%，等级评价为 AAA。

推进实施装配式建筑的驱动力

　　切实履行市属国企社会责任的使命驱动。习近平总书记说："绿水青山就是金山银山"，作为特殊功能类的市属国企，有责任为实现"绿水青山"贡献一份力量。节能降耗，走资源节约型企业发展之路，发展循环经济，推进清洁生产，推进环境友好型企业建设，努力为首都百姓提供绿色宜居的高品质基本住房，是我们应承担的社会责任和肩负的使命。传统现浇建筑建造过程能源和资源消耗量大，建筑环境污染问题突出，劳动生产率总体偏低，而装配式建筑在减少人工、减少能耗方面效果非常明显。这几年的建设中，我们一直在跟踪研究建设项目中得到的数据，与传统现浇作业方式比较，装配式建筑具有精度高、节省模板、改善制作时的施工条件、提高劳动生产力、提高产品质量、加快总体施工进度、减少施工扬尘和噪声污染的综合效益。

　　快速满足老百姓美好生活居住需求驱动。北京保障房中心承担着全市50% 以上的公租房配租任务，为实现居有所居，满足首都人民美好生活居住需求，我们必须探索一条快速的、高质量的、适应大规模建造的建设路径。装配式建筑创新性地把工业化生产、环保型建材、装配化技术等多种因素进行有机整合，正是契合我们要走的提质增效的路径。

　　建筑全生命周期成本最优驱动。装配式结构的实施提升了建筑质量，与传统现浇结构相比，其墙体轴线精度和墙面表面平整度误差从厘米级误差降到了毫米级，有了质的飞跃，给后续装饰装修提供了更为友好和优质的工作界面；装配式装修的实施，也大大提高了住宅的品质，大大降低了运行期间的维护成本。从北京保障房中心项目运营反馈的数据可知，实施装配式装修项目报修率明显低于实施传统装修项目，每千套每月报修次数下降了 82.9% 左右。装配式建筑虽然前期成本有所增加，但从它的全生命周期的可持续性来考量，从建筑产品的品质、可靠稳定的质量、便捷的维护、较少的维修需求来考量，采用装配式技术是基于建筑全生命期成本考量的最优化的选择。

推进实施装配式建筑管理的几方面探索

全产业链整合的探索。 推动装配式建筑是生产方式的彻底变革，必须摆脱建筑业现有的分段割裂的生产方式，组建产业链完整的产业化集团，可有效避免目前设计、生产、施工、安装、装修、装饰、运维等阶段分别由不同的企业主体完成的生产方式，避免效率低下、推诿扯皮、重复纳税等问题。 北京保障房中心在推动装配式技术实施的同时，也进行产业链整合的探索：牵头与北京市政路桥控股集团、北京市建筑设计研究院有限公司、北京城乡建设集团、北京首都开发控股(集团)有限公司，共同出资2.6亿元，组建了北京市住宅产业化集团股份有限公司。 目前已取得施工总承包一级资质和建筑行业（建筑工程）设计甲级等资质证书，基本具备了建筑行业供给侧全产业链整合的实施能力。

标准化产品需求，实现产品跨项目迭代升级的技术创新探索。 实施装配式建筑，标准化设计是基础。 北京保障房中心形成了一套完整的公租房产品建设标准，包含标准化功能模块及其组成的户型、楼型库，对应的预制构件库，装修与管线集成的装配式装修技术体系及其构造图库。 标准化的核心目的是适应工业化大规模生产，从而提高品质、降低成本。 但也会因此带来建筑产品同质化、建筑产品更新换代升级能力受限等方面的问题，标准化与多样化是矛盾的，如果方法得当又是统一的，这在我们的项目中有很多成功的处理方法。

1. 同户型同楼型的多样性效果。 通州台湖公租房项目，有B、D两个地块，共5056套公租房，项目设计共四种户型、两种楼型（2T6及2T7）。 但是，两个地块间所呈现的外观效果是完全不同的：通过阳台板、空调板、预制构件色彩以及装饰线脚的变化实现多样性与标准化的统一。

2. 同规格尺寸户型模块的多样性效果。 百子湾公租房项目，4000套公租房共四种户型，该项目由马岩松先生设计，实现建筑师非常有创意的山水意象设计概念，但项目设计同样执行的是北京保障房中心标准化管控，采用与台湖公租房项目统一规格尺寸的户型模块，但是楼型与台湖公租房项目完全不同，它的平面为三叉形，而立面上又多次退层，富于变化。 通过标准化管控，既控制了外墙板的规格种类，模板可多次周转使用，实现不同项目间的模板通用性，大大节约了成本，又实现每个项目独具的特色。

3. 预制构件表面处理的多样性效果。 在前期，北京保障房中心项目采用的是常规清水混凝土饰面，从台湖公租房、百子湾公租房开始，在工艺上进行了提升，采用防止混凝土变色、保持自然肌理纹路的防水底漆以及超耐候性能的面漆和具有自洁功能的纳米面漆。 同时在通州副中心项目，已经成功实施了预制构件瓷板反打以及硅胶膜反打。 我们还在继续探索其他的饰面工艺，既要做好，还要做精。

抓施工关键环节，实现产品质量控制的制度探索。 套筒灌浆是装配式混凝土结构体系施工环节的重中之重，按现行体制，一般由总包安排劳务分包去做，工人技术水平难以保证；建筑构件也由总包向其他企业采购，导致关键环节缺乏互相监督，质量很难保证。 在我们的项目上，要求套筒灌浆工序由构件生产企业组织专业人选按照工厂生产工序进行施工。 这样做，一是确保了灌浆料和套筒的匹配性；二是构件厂专业灌浆队伍与总包单位相对独立，可以起到一定的制约作用，有效避免偷工减料、压缩合理工序时间等问题，从而保证套筒灌浆这一关键工序的施工质量。

以运维平台建设为抓手，从需求侧推动BIM应用。 北京保障房中心在焦化厂超低能耗项目以及通州副中心项目，正在试点建设BIM运维管理平台。 计划打造可实现对人（租户）的服务、对物（房屋）的管理以及对建筑物使用期间的能耗监测的信息化、智能化平台。 BIM运维管理平台的建设，是北京保障房中心从运维需求出发，拉通设计、构件及部品生产、施工的全过程、各环节间BIM的有效衔接。

加强建造过程管理，推动建筑业供给侧改革。 推动装配式建筑，要做到充分发挥其优势，不仅仅只关注建成一个装配式的房屋，更要把装配式建造的理念深入贯彻到建造过程中的各环节。 我们的项目施工现场，办公区、木工加工棚、水泵房、围墙及道路等临时设施，都采用工厂化预制的、可循环周转使用的集成式产品。 达到这个效果，也是费了一番周折，开始总包是不主动的，有市场上产品供应问题，也有成本的问题，但我们必须推进这个工作，在产业化施工方案评审中装配式临时设施是做我们项目必须的审核项。 现在看来，实施效果非常好。 就预制混凝土路面来说，总包算了一下账，用30cm 厚的现浇混凝土道路，综合单价约 200 元，采用预制混凝土块道路，综合单价约 380 元，基本重复利用两次，就可摊销成本。 这仅从成本来说，对比现浇道路，预制混凝土路面品质好、精细化程度高，重复利用率高，省工、省时、省力、耗材少、污染少，无需二次破除，带来的是非常可观的综合社会效益。 作为开发企业，定位合适的装配式建筑的实现目标，在达到高速、高质量地建设住宅产品的同时，也培养并带动出一批领跑企业，逐步向社会普及装配式技术，推动供给侧的改革。

展望与思考

通过北京保障房中心的多年实践，我们体会到装配式建筑的确有利于节约资源能源、减少施工污染、提升劳动生产效率和质量安全水平，有利于促进建筑业与工业化信息化的深度融合、培育新产业新动能、推动化解过剩产能，是推进供给侧结构性改革和新型城镇化发展的重要举措。

稳妥推进装配式建筑的实施和发展，既需要向前看探讨方向，也需要及时回头看总结经验教训。所以就有了本书的出版。 我们希望通过积极探索、研发和采用新的装配式建筑解决方案，为推动装配式建筑持续健康发展贡献力量。

北京市保障性住房建设投资中心党委书记、总经理　金　焱

2018 年 10 月

　　北京和能人居科技有限公司作为装配式装修部品研发制造的先发企业，近年来，在国家装配式建筑政策引领下和北京市公租房装修需求引导下，深耕于部品构造研发与项目实践，形成了基于硅酸钙板与镀锌钢板为主要材料的全屋集成装配式装修部品体系。 这种类型的装配式装修能带来良好的用户体验，使他们拥有获得感，带来项目建造的提质与提效，带来建筑节能减排与可持续发展。 时代呼唤装修建造方式的产业升级，在建造工业化与信息化融合发展的今天，装配式装修确实改善了我们的生活空间与生活方式。

1. 装配式装修是传统装修产业升级的必由之路

　　在传统装修施工中，存在的大量现场作业一方面导致了行业的劳动密集形态；另一方面施工的速度、质量由现场工人的技艺和劳动状态所决定，其成本也将随着用工成本的提升而增加。 随着生活水平的提高，大量从业环境差、劳动强度高、既需要技能又收入有限的工作对新生代缺乏吸引力，直接造成了群体从业技能下降、用工成本提高，且从业人员不足的恶性循环。 而装配式装修突破了对于手艺人过度依赖的窘境，通过工业化的集成制造，解放了一些工种（在装配式装修现场，湿作业的瓦工、油工、水工已经消失，现场只有装配工和电工），消除因个人手艺不同造成的质量差异，呈现工业构造的质量均好。

　　以工厂化的手段来解决复杂的装修施工，凡是可以工厂化组合、融合、结合的事情都不必留给现场，装配式装修将部品制造集中于工厂，有利于从源头上通过部品定制，规避现场二次加工带来的材料浪费。 通过柔性生产与精益供应，消除了部品配送中的时间浪费与周转浪费。 通过干式工法消除了粉尘、噪声、垃圾等环境污染，让装修现场变得简单。

　　装配式装修打破了传统装修思维，打通了集成化部品为核心、一体化设计为前提、精益化智造为根本、装配化施工为关键、轻量化维保为增值的装配式装修全产业链。 从这一意义上看，日趋成熟的装配式装修工法，必将以更低的成本、更快的速度、更高的品质和更简单的升级改造方式逐步替代传统手工施工。

2. 装配式装修是用户对建筑品质提升期待的必然产物

　　回顾人类建筑史不难发现，作为建筑的一个组成部分，装修所占的比例持续大幅提高，这是由于人们对建筑成品的功能要求日益丰富所决定的。

　　早在穴居时代，人类对居所的主要需求是抵御自然灾害和外族的袭击，洞内的篝火和洞口的荆棘、石堆就是建筑的基本构成，而岩画只是精神生活的调剂；到了农耕时代，建筑被赋予了私人领地划分的功能，仓储、聚会、专用场所等需要开始出现，以不同的尺度、样式、色彩和符号等装饰手法使一些建筑有别于其他建筑成为需要；中世纪人类等级差别拉大、社交规模提升、宗教地位彰显，在教堂和晚宴的大厅中，交错的纹饰、琳琅的彩绘、辉煌的灯火、奢华的家具，已经把建筑本体隐藏到视线之外；进入工业时代，大量的新型建材和生活设备不断涌现，并走向平民的生活。 划分厅室功能的已经不是建筑的区隔，而是其间的用品：拥有床幔和地灯的卧室，拥有沙发和地毯的客厅，拥有灶台和烟道的厨房，拥有马桶和台盆的卫生间……建筑本体也在默然进行着适应性的改变：管道、线槽、防水、通风，直至市政管网和地下车位……来到今天，我们可以买同样的房型却不能忍受同样的地板，我们可以不懂建筑的沉降却无法漠视墙面的裂缝，我们可以接受厅室合一但没有网络就手足无措。 装修已经成为造就我们生活形态的决定阶段；展望未来，去功能化的单个空间，墙面在人们睡觉时就是壁纸、游戏时就是屏幕、吃饭时变成风景、淋浴时"长"出喷头、做饭时"变"出橱柜，向地面要床还是钢琴、向天花板要星空还是衣架……我们还无法算出，未来建造房子和装修房子各需要多少钱，但我们可以肯定：水泥砂浆和灰盆瓦刀绝对变不出这些东西。

从这一意义上看，装配式装修，不但是解决当前传统装修问题的有效途径，而且为构成品质化、家居智能化、过程标准化、提升简单化，以适应生活需求和功能进步的快速变化提供了模式基础。

3. 装配式装修是行业水平持续发展的必要基础

工业化的宗旨在于专业化分工和社会化协作，日常生活中任何一件低价、优质、靓丽的产品无一不是工业化体系所赐。 由于传统装修的分散性，不能想象每个工程都由大师设计、都由专家选材、都由巨匠打造，但在工业化做法中这些都可以在不增加甚至降低总成本的前提下轻易实现。 在工厂化作业条件下，工业美学设计和空间利用组合方式是由多专业大师级设计师在艺术与技术的碰撞中形成的标准化方案，摊销到每个项目上的设计费反而更低；在制造过程中，成体系的专家团队把控着从材料进厂、零件加工、部件组装、包装运输等一系列环节；复杂的工艺参数，是由专业企业通过对加工设备和执行软件的持续改进来保证的；现场安装，也是在严格制定的操作规程管理下，组装人员不需要太高的技能就能准确完成。 所有新技术导入、新材料选定、新设备应用和新功能的增加，都是在规划阶段就通过各方专业人员的反复协调、尝试、验证。 加之现场部件的可拆卸升级，彻底根除了改造就要砸墙、翻新就要重装、维修就要破坏的弊端，从而使一次装修支持永久升级，而装修再也不是所谓"遗憾的艺术"。

4. 装配式装修是宜居生活的核心纽带

随着科技的指数级发展，人们的生活环境也在发生着越来越快的变化。 建筑虽经历了万余年的演变，但红砖、钢梁、浮法玻璃、抽水马桶、电力能源甚至 90% 以上的现代建材都是 200 年内的发明；汽车经过 110 年的进化，如今除代步之外已经成为一个移动的"堡垒"和生活场所；仅仅诞生 46 年的手机，公认是人们（至少是城市人们）不可或缺的掌上工具。 在数字时代，人工智能即将颠覆人类活动的各个领域，而它的实现是需要大量传感器、执行设备和通信网络来构成的。 这些我们不想看见却默默实现着我们意愿的小物品，会越来越多、越来越快地嵌入到建筑之中。 难道在未来，我们能忍受两三年就进行一次传统的装修吗？ 还是容忍这些本来可以隐身于建筑中的小东西越来越占用我们的居住空间？

更重要的是，实现新生活方式的良性融合与逐渐深入，需要所有相关行业的密切协同：建筑需要为空间的变化提供条件、建材需要不断提供适用产品、设备需要标准的嵌入规格、设计需要通用的换装模数、维护和升级需要掌握关联关系……而所有这些，都离不开一个展开的核心：那就是装修内容的可装配化，以及装配过程中的构成逻辑和接口标准。 用一个现实存在的类似来简化理解，那就是你可以换装任何品牌的车载音响，前提是车上有嵌入音响的空间、所有音响的外形尺寸和锁紧方式相同，而且接驳电源和喇叭的插口是标准的。

从这一角度不难发现，如果我们认识的装配式装修不仅是替代湿作业、避免裂缝和漏水、取消数年后翻新或更新电缆就要砸墙，也不仅仅是装修过程的管理简单一点、施工周期短一点，而是会带给我们更重要的价值，而且是我们的生活提升本就需要的价值，是使建筑、家电、信息、大数据、智能化、人工环境等诸多行业的后发成果更容易走入家庭，走向居住新时代，从而真正实现安居、康居、易居、乐居。

综上所述，虽然装配式装修已经在国内掀起了热潮，但尚属新鲜事物。 本书以图文并茂的形式，向业界介绍一个经过验证的体系，一套成熟应用的工法和一些项目经验，旨在引起同业更高程度的重视，呼唤相关行业更紧密的协同，启发各界专家更深入的思考，以更为广泛的聪明才智携手增加装配式装修部品供给能力，为用户提供装配式装修技术所营造的美好生活。

北京和能人居科技有限公司总裁　闫俊杰

2018 年 10 月

前　言

　　装修是建筑产品直面消费者的用户界面，是建筑业转型升级的痛点。随着国务院《大力发展装配式建筑的指导意见》（国办发〔2016〕71号）的出台，装配式建筑发展引起业内更多重视。2018年2月开始实施的《装配式建筑评价标准》（GB/T 51129）提到"装配式建筑宜采用装配化装修"，既表明了装配式装修与装配式建筑结构的高度匹配，也为装修转型升级指明了方向。装配式装修作为装修建造方式的技术进步，实现了去环节、去手艺、去污染、去浪费的新型建造方式，促进传统装修产业升级。

　　本书从对部品的构造分析到设计、生产、施工、验收等全产业链的角度深度剖析装配式装修，并结合实际案例进行应用解读。全书由7章组成，主要内容如下。

　　第1章　概述。从传统装修与装配式装修的比较来看，装配式装修的优势更为明显。国际经验表明，先进国家的装修同步于建筑结构的产业化发展，我国发展装配式装修不仅有利于提高建筑品质，解决建筑业用工难问题，而且对于缓解环境压力，实现建筑业现代化发展具有重要意义。

　　第2章　部品构造。部品是发展装配式装修的关键，遵循部品的标准化、通用化、模块化原则，实现部品接口标准，规格种类齐全，材质表达丰富。本章从部品构造出发对硅酸钙复合板体系的关键部品进行了介绍，详细分析了装配式隔墙、装配式墙面、装配式架空地面、装配式吊顶、集成门窗、集成卫浴、集成厨房、集成给水、薄法同层排水、集成采暖十大部品的构造。

　　第3章　集成设计。建立在部品选型基础上的集成设计，已经升级为建筑装饰产品设计，从这一需求出发，本章对十大部品的设计要求和设计要点逐一进行解析，有利于建筑师将装配式装修部品与结构、外围护、设备管线等专业同步、模数协调、连贯融合，坚持干式工法、管线与结构分离，坚持部品集成定制的原则，达到功能、空间和接口的协同。

　　第4章　部品制造。本章以原材环保与品控为出发点，强调绿色制造与精益供应，介绍了生产制造环节部品的数据采集与归尺，架空模块、硅酸钙复合板、防水底盘制造的原材要求、加工数据、制造要求、出厂检验、包装要求，以及部品匹配与配送中的具体要点。

　　第5章　装配施工。本章通过详细的分解动作图片，以详细的工艺视频介绍了装配式装修施工环节的前期准备、总工序及物料管理，十大部品的施工细节，涵盖技术准备、材料、工具、作业条件、施工流程、步骤、注意事项及技术要求，可以指导实际施工。特别提起注意，装配式装修部品的定制，需要提供部品加工数据，这依赖于施工现场精准的放线与测量。本章用详细的分阶动作图片来说明关于点位定位与控制线，这是装配式装修相对于传统装修的前置控制关键点。

　　第6章　质量验收。室内装配式装修工程验收应对住宅室内装配式装修工程进行分户或分阶段质量验收，对公共建筑室内装配式装修工程按照功能区间进行分阶段质量验收。本章包括对各部品的材料、安装、节点、细部、面层、管线等的验收要求。

　　第7章　装配式装修部品应用。从装配式装修应用于新建建筑、既有建筑改造、公共建筑、钢结构建筑等不同情况选取案例进行分析，针对每种应用中的特点及创新点加以重点说明。

　　作为国家"十三五"重点研发计划项目"工业化建筑设计关键技术"（2016YFC0701501）课题研究成果，本书在编写过程中得到了课题管理单位和课题参与单位的大力协助，同时也获得了北京市住建委相关处室、北京市住房保障办公室各级领导给予的帮助支持和指导意见，北京市保障性住房建设投资中心领导及各部门大力的支持、帮助和工作指导，北京和能人居科技有限公司设计部、天津达因建材有限公司制造研发部、北京和能建筑装饰工程公司工程部的技术支持，在此一并表示感谢！

　　由于编者水平有限，书中不足之处在所难免，希望广大读者批评指正。

目 录

第1章
概述

001

1.1 传统装修与装配式装修 / 001
　1.1.1 装配式装修概念及特征 / 001
　1.1.2 传统装修存在的弊端 / 002
　1.1.3 装配式装修的优势 / 003
1.2 国外装配式装修发展情况 / 005
　1.2.1 日本技术成熟、部品体系完善 / 005
　1.2.2 美国模块化生产与专业分包 / 006
　1.2.3 法国住宅"重装饰，轻装修" / 006
　1.2.4 北欧的全装修体系普及率高 / 006
1.3 国内装配式装修的发展情况和面临的
　　问题 / 007
　1.3.1 国内装配式装修的发展情况 / 007
　1.3.2 国内发展装配式装修面临的
　　　　问题 / 008
1.4 发展装配式装修的现实意义 / 009
　1.4.1 有利于提高建筑品质，促进可持续
　　　　发展 / 009
　1.4.2 有利于解决人口瓶颈，促进建筑业
　　　　转型发展 / 009
　1.4.3 有利于建立现代化理念，改变建筑
　　　　行业生态 / 010
　1.4.4 有利于缓解环境问题，促进建筑业
　　　　绿色发展 / 010
1.5 装配式装修部品的装配率得分 / 011

第2章
部品构造

012

2.1 部品概念 / 012
2.2 部品与材料的区别 / 013
2.3 装配式隔墙部品 / 013
　2.3.1 部品构成 / 013
　2.3.2 部品特点 / 014
　2.3.3 应用范围 / 014
2.4 装配式墙面部品 / 015
　2.4.1 部品构成 / 015
　2.4.2 部品特点 / 017
　2.4.3 应用范围 / 017
2.5 装配式吊顶部品 / 017
　2.5.1 部品构成 / 017
　2.5.2 部品特点 / 018
　2.5.3 应用范围 / 018
2.6 装配式架空地面部品 / 018
　2.6.1 部品构成 / 018
　2.6.2 部品特点 / 020

2.6.3 应用范围 / 020
2.7 集成门窗部品 / 020
2.7.1 部品构成 / 020
2.7.2 部品特点 / 021
2.7.3 应用范围 / 022
2.8 集成卫浴部品 / 022
2.8.1 部品构成 / 022
2.8.2 部品特点 / 023
2.8.3 应用范围 / 023
2.9 集成厨房部品 / 024
2.9.1 部品构成 / 024
2.9.2 部品特点 / 024
2.9.3 应用范围 / 024
2.10 集成给水部品 / 025
2.10.1 部品构成 / 025
2.10.2 部品特点 / 026
2.10.3 应用范围 / 026
2.11 薄法同层排水部品 / 026
2.11.1 部品构成 / 026
2.11.2 部品特点 / 027
2.11.3 应用范围 / 028
2.12 集成采暖部品 / 028
2.12.1 部品构成 / 028
2.12.2 部品特点 / 029
2.12.3 应用范围 / 029

3.1 装配式隔墙部品设计 / 031
3.1.1 设计要求 / 031
3.1.2 设计要点 / 032
3.2 装配式墙面部品设计 / 036
3.2.1 设计要求 / 036
3.2.2 设计要点 / 036
3.3 装配式吊顶部品设计 / 038
3.3.1 设计要求 / 038
3.3.2 设计要点 / 038
3.4 装配式架空地面部品设计 / 039
3.4.1 设计要求 / 039
3.4.2 设计要点 / 039
3.5 集成门窗部品设计 / 041
3.5.1 设计要求 / 041
3.5.2 设计要点 / 041
3.6 集成卫浴设计 / 042
3.6.1 设计要求 / 042

第3章
集成设计

030

目 录

3.6.2　设计要点 / 042
3.7　集成厨房部品设计 / 044
　3.7.1　设计要求 / 044
　3.7.2　设计要点 / 045
3.8　设备与管线系统 / 045
　3.8.1　设计要求 / 045
　3.8.2　设计要点 / 046

第4章
部品制造

096

4.1　部品制造理念 / 096
4.2　部品数据采集与归尺 / 097
4.3　架空模块制造 / 097
　4.3.1　原材料要求 / 098
　4.3.2　模块制造 / 098
　4.3.3　出厂检验 / 098
　4.3.4　架空模块包装 / 098
4.4　硅酸钙复合板制造 / 098
　4.4.1　原材料要求 / 098
　4.4.2　硅酸钙复合板制造 / 099
　4.4.3　包装要求 / 099
4.5　热塑复合防水底盘制造 / 099
　4.5.1　原材料要求 / 100
　4.5.2　防水底盘制造 / 100
　4.5.3　出厂检验 / 100
　4.5.4　防水底盘包装 / 100
4.6　部品匹配与配送 / 100

第5章
装配施工

101

5.1　前置验收与施工准备 / 101
　5.1.1　图纸会审 / 101
　5.1.2　现场勘验及放线 / 101
　5.1.3　部品订货及进场计划 / 110
　5.1.4　进场准备 / 111
5.2　总工序及物料管理 / 112
　5.2.1　总工序 / 112
　5.2.2　物料管理 / 112
5.3　装配式隔墙部品施工（附视频）/ 115
　5.3.1　技术准备 / 115
　5.3.2　材料准备、要求 / 115
　5.3.3　施工工具 / 115
　5.3.4　作业条件 / 115
　5.3.5　施工流程 / 115
　5.3.6　操作工艺 / 115
　5.3.7　注意事项 / 116

5.3.8　技术要求 / 118
5.4　装配式墙面部品施工（附视频） / 118
　5.4.1　技术准备 / 118
　5.4.2　材料准备、要求 / 118
　5.4.3　施工工具 / 119
　5.4.4　作业条件 / 119
　5.4.5　施工流程 / 119
　5.4.6　施工步骤 / 119
　5.4.7　注意事项 / 119
　5.4.8　技术要求 / 120
5.5　装配式吊顶部品施工（附视频） / 121
　5.5.1　技术准备 / 121
　5.5.2　材料准备、要求 / 121
　5.5.3　施工工具 / 121
　5.5.4　作业条件 / 121
　5.5.5　施工流程 / 121
　5.5.6　施工步骤 / 121
　5.5.7　注意事项 / 123
　5.5.8　技术要求 / 123
5.6　装配式架空地面部品施工（附视频） / 123
　5.6.1　技术准备 / 123
　5.6.2　材料准备、要求 / 123
　5.6.3　施工工具 / 123
　5.6.4　作业条件 / 124
　5.6.5　施工流程 / 124
　5.6.6　施工步骤 / 124
　5.6.7　注意事项 / 125
　5.6.8　技术要求 / 126
5.7　集成采暖地面部品施工（附视频） / 126
　5.7.1　技术准备 / 126
　5.7.2　材料准备、要求 / 126
　5.7.3　施工工具 / 126
　5.7.4　作业条件 / 126
　5.7.5　施工流程 / 127
　5.7.6　施工步骤 / 127
　5.7.7　注意事项 / 131
　5.7.8　技术要求 / 131
5.8　集成门窗施工（附视频） / 131
　5.8.1　型钢复合窗套技术准备 / 131
　5.8.2　型钢复合窗套材料准备、要求 / 131
　5.8.3　型钢复合窗套施工工具 / 131
　5.8.4　型钢复合窗套作业条件 / 131
　5.8.5　型钢复合窗套施工流程 / 131

目 录

5.8.6　型钢复合窗套施工步骤 / 132

5.8.7　铝-硅酸钙复合门技术准备 / 132

5.8.8　铝-硅酸钙复合门材料准备、
要求 / 132

5.8.9　铝-硅酸钙复合门施工工具 / 133

5.8.10　铝-硅酸钙复合门作业条件 / 133

5.8.11　铝-硅酸钙复合门施工流程 / 133

5.8.12　铝-硅酸钙复合门施工步骤 / 133

5.8.13　集成门安装技术要求 / 134

5.9　集成卫浴部品施工（附视频）/ 135

5.9.1　热塑复合防水底盘技术准备 / 135

5.9.2　热塑复合防水底盘材料准备和
要求 / 135

5.9.3　热塑复合防水底盘施工工具 / 135

5.9.4　热塑复合防水底盘作业条件 / 135

5.9.5　热塑复合防水底盘施工流程 / 135

5.9.6　热塑复合防水底盘施工步骤 / 135

5.9.7　热塑复合防水底盘注意事项 / 136

5.9.8　热塑复合防水底盘技术要求 / 136

5.9.9　防水防潮膜技术准备 / 136

5.9.10　防水防潮膜材料准备、要求 / 136

5.9.11　防水防潮膜施工工具 / 136

5.9.12　防水防潮膜作业条件 / 136

5.9.13　防水防潮膜施工流程 / 136

5.9.14　防水防潮膜施工步骤 / 136

5.9.15　防水防潮膜注意事项 / 137

5.9.16　防水防潮膜技术要求 / 137

5.10　集成厨房部品施工 / 137

5.10.1　装配式吊顶部品施工 / 137

5.10.2　装配式墙面部品施工 / 137

5.10.3　装配式集成采暖部品施工 / 137

5.10.4　装配式地板部品施工 / 137

5.10.5　橱柜安装技术准备 / 137

5.10.6　橱柜安装材料准备、要求 / 138

5.10.7　橱柜安装施工工具 / 138

5.10.8　橱柜安装作业条件 / 138

5.10.9　橱柜安装施工流程 / 138

5.10.10　橱柜安装施工步骤 / 138

5.10.11　橱柜安装注意事项 / 139

5.10.12　橱柜安装技术要求 / 139

5.11　集成给水部品施工（附视频）/ 140

5.11.1　技术准备 / 140

5.11.2　材料准备、要求 / 140

5. 11. 3　施工工具 / 140

5. 11. 4　作业条件 / 140

5. 11. 5　施工流程 / 140

5. 11. 6　施工步骤 / 140

5. 11. 7　注意事项 / 141

5. 11. 8　技术要求 / 142

5. 12　薄法同层排水部品施工（附视频）/ 142

5. 12. 1　技术准备 / 142

5. 12. 2　材料准备、要求 / 142

5. 12. 3　施工主要工具 / 142

5. 12. 4　作业条件 / 142

5. 12. 5　施工流程 / 142

5. 12. 6　施工步骤 / 142

5. 12. 7　注意事项 / 143

5. 12. 8　技术要求 / 143

5. 13　穿插施工 / 143

5. 13. 1　策划将精装修前置 / 143

5. 13. 2　突破点和控制点 / 144

5. 13. 3　前期策划 / 144

5. 13. 4　内外墙穿插施工工序及工序分解 / 144

5. 13. 5　穿插施工要求 / 145

5. 14　装配式装修施工组织设计 / 146

6. 1　一般规定 / 168

6. 2　快装轻质隔墙与墙面 / 168

6. 2. 1　材料验收 / 168

6. 2. 2　连接节点验收 / 170

6. 2. 3　龙骨及加强部位验收 / 170

6. 2. 4　隔墙填充验收 / 171

6. 2. 5　隔墙内管线验收 / 171

6. 2. 6　墙面粘接点验收 / 171

6. 2. 7　面层及细部做法验收 / 171

6. 3　装配式吊顶 / 172

6. 3. 1　进场验收需要提供的相关资料 / 172

6. 3. 2　几字形龙骨安装验收 / 172

6. 3. 3　吊顶内管线隐蔽验收 / 172

6. 3. 4　T字形龙骨安装验收 / 172

6. 3. 5　吊顶板面层及细部做法验收 / 172

6. 4　装配式架空地面 / 173

6. 4. 1　材料验收 / 173

6. 4. 2　地脚安装验收 / 174

6. 4. 3　架空层内部管线验收 / 174

6. 4. 4　地暖模块验收 / 174

第6章
质量验收

目　录

6.4.5　快装地面粘接点验收 / 175
6.4.6　快装地面面层及细部做法验收 / 175
6.5　集成式卫生间 / 175
6.5.1　材料验收 / 175
6.5.2　基层涂膜防水层验收 / 176
6.5.3　架空模块验收 / 176
6.5.4　防水底盘安装验收 / 176
6.5.5　墙体 PE 防水防潮膜验收 / 177
6.6　集成式厨房 / 177
6.6.1　材料验收 / 177
6.6.2　橱柜安装点位验收 / 177
6.6.3　橱柜成品验收 / 177
6.7　给水管道 / 178
6.7.1　材料验收 / 178
6.7.2　给水管安装验收 / 178
6.7.3　强度严密性试验 / 180
6.7.4　冲洗、消毒试验 / 180
6.8　同层排水管道 / 180
6.8.1　材料验收 / 180
6.8.2　排水管安装验收 / 180
6.8.3　灌（满）水试验 / 181
6.8.4　通水、通球试验 / 181

**第7章
装配式装修
部品应用**

182

7.1　局部应用装配式装修部品的新建住宅 / 182
7.1.1　装配式装修应用项目 / 183
7.1.2　部品应用特点 / 183
7.2　全体系应用装配式装修部品的新建住宅 / 185
7.2.1　装配式装修应用项目 / 185
7.2.2　现场施工优势 / 188
7.2.3　使用运维优势 / 190
7.3　一体化设计装配式装修的新建住宅 / 191
7.3.1　装配式装修应用项目 / 191
7.3.2　一体化设计应用特点 / 193
7.4　既有建筑改造应用装配式装修 / 194
7.4.1　四合院改造 / 195
7.4.2　美丽乡村改造 / 196
7.5　公共建筑应用装配式装修 / 199
7.5.1　装配式装修应用项目 / 199
7.5.2　装配式装修应用特点 / 201
7.6　钢结构与装配式装修的融合应用 / 204
7.6.1　集装箱钢结构办公楼应用 / 206
7.6.2　钢框架支撑结构住宅应用 / 212

参考文献 / 220

第1章
概述

1.1 传统装修与装配式装修

1.1.1 装配式装修概念及特征

装配式装修是主要采用干式工法，是将工厂生产的内装部品、设备管线等在现场进行组合安装的装修方式。

相对于传统装修建造方式，判定一种装修方式是否为装配式装修，主要看是否具备以下三个要素。

（1）干式工法装配　干式工法规避以石膏腻子找平、砂浆找平、砂浆粘接等湿作业的找平与连接方式，通过锚栓、支托、结构胶粘等方式实现可靠支撑构造和连接构造，是一种加速装修工业化进程的装配工艺。干式工法至少能带来四方面的好处：一是彻底规避了不必要的技术间歇，缩短了装修工期；二是从源头上杜绝了湿作业带来的开裂、脱落、漏水等质量通病；三是摒弃了贴砖、刷漆等传统手艺，替代成技能相对通用化、更容易培训的装配工艺，利于摆脱传统手艺人青黄不接的窘境；四是有利于翻新维护，使用简单的工具即可快速实现维修，重置率高，翻新成本低。

（2）管线与结构分离　这是一种将设备与管线设置在结构系统之外的方式。在装配式装修中，设备管线系统是内装的有机构成部分，填充在装配式空间六个面与支撑结构之间的空腔里。管线与结构分离至少可以有三个方面的好处：一是有利于建筑主体结构的长寿化，不会因为每十年轮回的装修，对墙体结构进行剔凿与修复；二是管线与结构分离，可以降低对于结构拆分与管线预埋的难度，降低结构建造成本；三是可以让设备管线系统与装修成为一个完整的使用功能体系，翻新改造的成本更低。

（3）部品集成定制　工业化生产的方式有效解决了施工生产的尺寸误差和模数接口问题，并且实现了装修部品之间的系统集成和规模化、大批量定制。部品系统集成是将多个分散的部件、材料通过特定的制造供应集成为一个有机体，性能提升的同时实现了干式工法，易于交付和装配。部品定制是强调装配式装修本身就是定制化装修，通过现场放线测量、采集数据，进行容错分析与归尺处理之后，工厂按照每个装修面来生产各种标准与非标准的部品部件，从而实现施工现场不动一刀一锯、规避二次加工的目标。在保证制造精度与装配效率的同时，杜绝现场二次加工，有利于减少现场废材，更大程度上从源头避免了噪声、粉尘、垃圾等环境污染。

凡是具备以上三个要素的装修都属于装配式装修，在此之前，包括在我国已经发展起来的工业化生产的木门、复合地板、整体橱柜、整体卫生间等一些即便是离散的、未成体系的部品，也是装配式装修，只不过是局部的装配式装修。本书的重点，是从内装的墙、顶、地六个面与水暖电等系统协同配置的角度，来研究全屋集成装配式装修，确保装修效果更可靠、更舒适、更耐久，体现系统性的整体解决方案。

1.1.2　传统装修存在的弊端

传统湿作业的装修方式在我国盛行已久，现场环节多、耗时久、工序流程复杂、监管困难、过度依赖传统手工作业的现状导致"装修游击队"盛行，装修材料以次充好和现场管理混乱屡见不鲜，导致长期以来装修成为用户、房地产商、行业监管者都倍感头疼的问题。总结起来传统装修的弊端表现在以下几个方面。

（1）传统装修的质量通病多　常见的质量问题包括卫生间地面泛水，防水层空鼓开裂，以及各种原因导致的渗漏、面砖泛碱、地面不平、吊顶不平等；厨房中常见的质量问题表现在安装时没有测量好管道尺寸，出现过大缝隙、水电管破裂损坏、面砖剥落等。此外，在室内还容易出现，抹灰层裂缝、空鼓，墙面发霉、墙体受潮粉化，地面拼缝不严、行走有响声，地面管线故障，顶面变形开裂、起皮、剥落等。这些质量通病的表象背后往往是传统湿作业方式的人工、材料、设备、工法、环境等因素复杂，导致质量难以控制。

（2）装修过程导致的隐患多　由于装修流程和工序的复杂性，更容易产生安全隐患，比如装修引发的火灾。据统计，2017年5起重大火灾事故，其中浙江天台县"2·5"重大火灾事故、"2·25"南昌海航白金汇酒店火灾、天津"12·1"重大火灾事故3起与装修有关。据中国消防统计数据显示，2016年全国共接报火灾31.2万起，直接财产损失37.2亿元，33.2%的火灾原因与"电气起火"和"生产作业"有关。装修引发的火灾大部分源于"违规"。装修施工过程中违反《建筑内部装修设计防火规范》（GB 50222—2017）的规定，违规操作电气焊等明火，使用可燃、易燃材料，装修垃圾随意堆放都会埋下火灾隐患。概括起来包括以下几种情况：违反安全操作规定，比如现场切割操作、易燃易爆气体处理等；违反电器安装、使用规定，比如私拉乱接线路、超负荷用电、使用不合格材料等；违反现场管理规定，比如工人在施工现场吸烟、炊事用火等；因装修导致的结构安全隐患也不容忽视。传统装修过程中的管线安装对建筑结构的剔凿、开孔，影响了建筑的使用寿命，随着居住时间的延长，反复装修的频率增加，更容易损伤建筑主体结构，2016年4月上海松江区佘山镇西霞路上一幢三层楼房倒塌，事发时该房屋正在装修，承重墙倒塌引起房屋倒塌。此外，卫生间装修导致的漏水影响下层住户居住安全等问题，也是传统装修导致的隐患之一。

（3）传统装修造成环境污染　装修造成的环境污染包括室内环境污染和装修垃圾污染。世界卫生组织将由室内污染引起的一系列人体损害症状称为"不良建筑物综合征"。传统装修中使用的材料释放出的甲醛、放射性核素、氡等都会造成室内装修污染。装修污染对人的危害性特别大，轻则头晕恶心，重则使人得癌症。装修除味，已经成为我们迫在眉睫的一个重要问题。我国每年因室内污染造成的死亡人数达到11.1万，平均每天死亡304人；每年新增先天残疾儿童总数高达80万～120万，其中，42.1%与室内空气污染有关。据调查，在白血病患儿中超90%的家庭在半年内曾装修过，专家推测，室内装修材料中的有毒物质可能是小儿白血病的重要诱因之一。装修垃圾对环境的污染也不容小觑。经验数据表明，

$100m^2$ 的毛坯房初次装修，如果结构不发生较大的改变，产生的建筑垃圾大概在 2 吨左右；如果是对简装房进行二次装修，对结构改变很大，产生的建筑垃圾可以达到 10t 以上。这些垃圾如果随意丢弃，对环境和他人会造成不便，有些装修材料具有易挥发的化学物质，还有一些难以降解的化工材料，如处理不当，长期放置在公共场所，会给他人的健康带来危害。

（4）传统装修导致的资源浪费　在我国，装修资源浪费主要表现在二次装修浪费❶。二次装修是指在第一次装修的基础上进行完善或者精修，第一次装修是指在建设项目中依据施工设计要求进行的装饰，根据设计要求，可能只进行一般的装修或者只做基层装饰，二次装修是由业主按自己的需求（个性）施工，以达到最终满意效果。在商品房市场，业主将新房的瓷砖、洗漱盆等敲掉换新非常普遍。我国"二次装修"房子仅"敲敲打打"这一块，每年的损失在 300 亿元以上。依此计算，每年"二次装修"造成的浪费，可修建约 6 万所希望小学。而从 1989~2013 年年底，通过向中国青少年发展基金会捐款在全国修建的希望小学也不过 18335 所。据山东省科学院能源研究所所长许崇庆分析，每浪费 $1m^2$ 的建筑陶瓷，就会多消耗约 6kg 标准煤、多排放二氧化碳 15.4kg。"如果全国每年 2000 万户左右的家庭装修，每户节约 $1m^2$ 陶瓷，就能节约 12 万吨标准煤，减排二氧化碳 30.8 万吨。"

1.1.3　装配式装修的优势

根据北京保障房中心多年经验数据，$50m^2$ 的公租房采用装配式装修方式可以节约用水达到 85%，地面减重 67%，单个房间工期缩短 80%，原来 30 天完成的传统装修量，改为装配式装修可以在 6 天完成，同时用工量降低 60%。项目全程节能降耗率达到 70%。现场装修所用部品部件均为工厂生产并采用安全环保材料，保证装配式装修施工现场零污染、零甲醛、零噪声，且可以即装即住。

表 1-1 以 $50m^2$ 户型对比，节材节能效果明显。装配式装修 $50m^2$ 户型项目采用的干式工法，管线与结构分离，一方面避免了传统湿作业下的开裂、空鼓等质量通病；另一方面，通过轻质隔墙可实现空间上的灵活调整，并且通过后期的维护与保养，保证客户使用的满意度，达到延长建筑寿命、灵活调整内装的效果。

表 1-1　装配式装修与传统装修节能减排对比表

内容	传统装修做法	装配式装修做法	对比
现场作业工期	约 30 天	6 天	减少 80%
用工量	约 100 工日	40 工日	减少 60%
地面用材	混凝土、水泥、砂、瓷砖或木地板等，综合每平方米质量约 120kg	地暖模块、硅酸钙复合板等，综合每平方米质量约 40kg	减轻 67%
隔墙用材	水泥隔墙板、水泥、砂、瓷砖、腻子、涂料等，综合每平方米质量约 100kg	轻钢龙骨、岩棉、硅酸钙复合板等，综合每平方米质量约 30kg	减轻 70%
吊顶	铝扣板或石膏板	硅酸钙复合板吊顶，综合每平方米质量约 5kg	基本持平
装修材料质量	约 11t	约 4t	减轻 64%

注：数据来源于北京保障房中心。

综上，由于部品在工厂进行生产，装修现场成为工厂车间的延伸，精准而简单，装配式装修精度高、质量稳定、损耗低，具体来讲有以下优点：

---

❶ 来源：家装业惊人浪费现象。新浪家居，2014-10-9，http://jiaju.sina.com.cn/news/20141009/383448.shtml。

（1）节约原材　依托先进的装配式装修部品集成制造技术，部品部件工业化生产，现场无裁切，保证了原材料边角料无浪费。以 BIM 技术❶实现建造过程的场景模拟，增强了设计阶段的控制能力，避免了施工中出现的材料浪费。

（2）节约工期　经验数据表明，采用全屋集成的配式装修技术体系，可以实现 $50m^2$ 单屋装修 4 个工人 6 天完成，且装修完成即可入住，快速施工，节省工期。

（3）质量稳定　工厂批量化生产保证了制造过程中部品性能的稳定性，施工过程中采用干式工法，避免了传统湿作业带来的质量通病，保证了装修质量。

（4）效率提高　装配式装修简化了传统装修现场的繁复工序，将传统手工作业升级为工厂化生产部品部件、现场装配，工艺和流程标准化，极大地提高了施工效率。

（5）绿色环保　装配式装修在材料选择上突出防水、防火、耐久性和可重复利用的特点，作业环境干净、整洁、无污染，施工过程无噪声，装修效果环保节能。

（6）维修便利　装配式装修将内装与管线分离，装修部品部件标准化生产，工厂备有常用标准部件，更换便利，且在装修管线布置环节充分考虑了维修的方便性。

（7）灵活拆改　装配式装修将内装与结构分离，适应不同居住人群和不同家庭结构对建筑空间需求的变化，室内空间可以多次灵活调整，不损伤主体结构，保障建筑使用寿命。

（8）过程透明　采用装配式装修，部品集中在工厂制造，可进行质量监督管理，现场操作环节简单，全过程利于管控，规避了传统装修依赖手艺人的风险。

（9）经济指标合理　综合来看装配式装修的经济指标不高于传统装修。装配式装修的费用节约体现在用工人数减少、用工时间下降、安装难度降低，整体节约工费约 60%，部品工厂生产原材料节省量达到 20%。北京装配式装修公租房项目内装费用为每平方米 1000元，这其中，减少了传统手工艺人，缩短工时形成的资金用于购置更好的原材料，保证装配式装修品质，因此单从经济指标来看是不高于传统装修费用的。

此外，全屋装配式装修技术体系基于填充体与结构体分离，部品在工厂中生产，现场以干式工法进行装配，解决了传统湿作业的质量通病，同时实现环保节能目标。与传统装修相比较，改变了传统的装修建造逻辑，从传统装修繁复的工程组织转变为到工厂进行生产，从现场的多专业协作到安装工、电工的流程化安装，整体流程的变化导致工厂在装配式装修中起到至关重要的作用，而现场的环节则极大简化。装配式装修与传统装修比较见表 1-2。

表 1-2　装配式装修与传统装修比较

比对项目	传 统 装 修	装配式装修
设计环节	尺寸多变，非标逻辑	一体化、标准化、模块化，工业化建造逻辑
建造环节	人、材、机，组织繁复，现场加工	工厂为核心，集成制造，现场组装
运维环节	砸、凿、剔……影响主体结构	标准化部品备件，全生命期运维
品质对比	手工依赖，品质粗糙，产生污染	高精度，高效率，绿色环保，即装即住
预算控制	费用变动较多，预算不可控	预算可控，一价到底
成本运营	项目繁多，开发周期长，易增加额外的管理、销售和财务费用	大幅降低人工成本，实现节约工费 60%加快开发周期，节约资金和时间成本，节省建设管理费用和财务成本，降低项目生产成本
工种	涉及十多个工种，如瓦工、泥工、木工、油漆工等，易扯皮纠纷，推诿责任	只需安装工、电工

---

❶ BIM（Building Information Modeling）技术是一种应用于工程设计、建造、管理的数据化工具，通过对建筑的数据化、信息化模型整合，在项目策划、运行和维护的全生命周期过程中进行共享和传递，使工程技术人员对各种建筑信息做出正确理解和高效应对，为设计团队以及包括建筑、运营单位在内的各方建设主体提供协同工作的基础，在提高生产效率、节约成本和缩短工期方面发挥重要作用。

比对项目	传 统 装 修	装配式装修
工期	耗时费力,以 60m² 两居室为例,装修期至少一个月	60m² 的两居室 3 个装修工人 10 天交付,即装即住
原材	材料种类繁多,选购劳神费力,现场加工制作资源浪费,材料难以回收再利用	部品集成生产,施工生产误差小,模数协调,节约原材。原材环保,性能优良,可以回收再利用,装修安全、耐久

1.2　国外装配式装修发展情况

国外发达国家的住宅一般都是成品房,几乎不存在毛坯交房的问题,住宅室内装修一直作为住宅产业的组成部分,在这种背景下,住宅全装修产业的发展与住宅产业化的发展是同步的。

1.2.1　日本技术成熟、部品体系完善

20 世纪 60 年代初期由于第二次世界大战后重建对住房需求量增加,同时建筑工人数量不足,日本政府加快产业化步伐;70 年代产业化方式建造的住宅占竣工住宅总数的 10% 左右。20 世纪 80 年代中期,产业化方式建造的住宅占竣工住宅总数的 15%~20%,住宅的质量功能有了提高。到 20 世纪 90 年代,采用产业化方式建造的住宅占竣工住宅总数的25%~28%,开始采用产业化方式形成住宅通用部件,其中 1418 类部件已取得 "优良住宅部件认证"。日本住宅产业化已经进入了一个成熟时期,部品与技术体系趋于成熟,随着日本人口的减少,日本住宅逐渐进入储备时代,日本住宅业已经达成了降低住宅翻修造成的资源浪费,充分利用既有住宅资源的业内共识。从建筑设计初期阶段,以保证住宅的使用生命周期为前提,实现相关住宅设备、内装产品的检修和更新工作。现今日本的超高层住宅几乎达到了 100% 采用 SI❶ 体系设计建造。日本装配式装修发展历程见表 1-3。

表 1-3　日本装配式装修发展历程

时段	原　　因	措　　施	政 府 行 为
20 世纪 60 年代初期	建筑工人少,住房需求量大	住宅整体(含装修)实行部件化、批量化生产	制定了"住宅建设"工业化基本设想
20 世纪 70 年代	住宅装修改造、优良节能技术进步	出现盒子住宅、单元住宅等多种形式	产业化住宅性能认证制度
20 世纪 80 年代中期	提高工业化住宅体系的质量和功能		优良住宅部品认证制度
20 世纪 90 年代	提高质量	开始采用产业化方式生产住宅通用部件	执行优良住宅部品认证,达到 1418 类

标准化是推进住宅产业化的基础。目前日本各类住宅部件(构配件、制品设备)工业化、社会化生产的产品标准十分齐全,占标准总数的 80% 以上,部件尺寸和功能标准都已成体系。只要厂家是按照标准生产出来的构配件,在装配建筑物时都是通用的。

---

❶ S(skeleton,支撑体)I(infill,填充体)体系,始于 20 世纪 60 年代,荷兰学者哈布拉肯(N. John Habraken)提出的开放建筑思想,通过 "S" 和 "I" 的有效分离使住宅具备结构耐久性、室内空间灵活性以及填充体可更新性特质。20 世纪 90 年代后,日本研究出新型 SI 住宅,同时兼备低能耗、高品质、长寿命、适应使用者生活变化的特质,体现出资源循环型绿色建筑理念,受到各国关注。

1.2.2　美国模块化生产与专业分包

美国住宅建设已实现产业化，市场上出售的都是全装修房。建筑装修基本上消除了现场湿作业，同时具有较为配套的施工机具。厨房、卫生间、空调和电器等设备近年来逐渐趋向组件化，以提高工效、降低造价，便于安排技术工人安装。美国运送到工地的模块化住宅既完成了内外装修，也包括家用电器、涂料、地毯及其他更多的东西，其特色是70%～85%的工作已经完成。此外，在现场施工方面，分包商专业化程度很高。与装修有关的分为涂料、裱糊、水磨石、马赛克、大理石、玻璃安装、细木、楼面铺设和其他楼板安装等各类专业分包商，为在住宅建设中实现高效灵活的总-分包体制提供了保证。

1.2.3　法国住宅"重装饰，轻装修"

法国多层和高层集合式住宅基本上没有毛坯房，其装修特点是"轻硬装，重软装"，装修很简单，主要在卫生间和厨房。卧室、书房、餐厅、客厅的台灯、落地灯提供局部照明，只有门厅、走廊、楼梯等地方才有顶灯大面积照明，对天花板几乎完全放弃了装饰，从不吊顶，四周用石膏线装饰后，房顶及四周墙壁用乳胶漆刷白。法国人喜欢用大量软装饰将室内打扮得美轮美奂，布艺、地毯、油画，无不体现了这个国家固有的浪漫情怀。

1.2.4　北欧的全装修体系普及率高

北欧的全装修体系非常普及，内装风格简约独特，并且注重历史文化的保护，住宅的舒适性和功能性在全世界范围内都有独树一帜的影响力。北欧的室内空间布置紧凑，布局实用。房屋的布置注重物理环境方面的保温隔热、降低噪声，注重绿色生态设计，秉持可持续发展的理念。

为了节约资源，延长成品住宅的使用寿命，北欧国家规定除新建住宅外，装修以改造为主；在住宅的环保方面，北欧国家实行了环境标志和住宅室内环境产品专项认证等科学性检测。

瑞典成品化住宅标准完善，水平很高。瑞典政府十分重视部品标准化工作，1940年，瑞典首次完善了建筑模数的研究，为了推动住宅建设工业化和通用体系的发展，1967年制定的《住宅标准法》规定，使用按照瑞典国家标准协会的建筑标准制造的建筑材料和部件来建造住宅，能够获得政府贷款。通过近20年的经验总结以及研究分析，瑞典实现了部件规格化并被逐渐纳入工业标准（SIS）。SIS规定了成品化住宅的各个方面的标准：厨房设备配套标准、浴室设备配管标准、门扇框标准、窗扇窗框标准、住宅主体结构标准、楼梯间规格标准、公寓式住宅垂直规格及隔墙标准等。囊括了公寓式住宅的模数协调，各部件的规模、尺寸。有日本专家对瑞典和世界主要经济发达国家进行考察后评价说：SIS作为全国统一规则通用体系，是世界上最完美的。瑞典独立式住宅占比约在80%，这些独立式住宅90%以上是工业化方法建造的，运用成品化住宅模式进行现场施工。在住宅内部的布局和装修方面，瑞典人明确地划分各个房间的使用功能，将房间的功能和个人想法完美地结合，制定宜居的设计方案。瑞典住宅高度普遍为2～6层，其设备管线统一安置在室外排架上，而进入室内采取暗铺形式，既达到美观的效果，又便于维修。瑞典工厂的生产技术先进，部品生产同时考虑住宅套型的灵活性。

丹麦成品化住宅体系完善，兼顾多样化。丹麦于1961年颁布了《建筑法》，明确丹麦自己的建筑模数体系，并且规定除独立式住宅外，其他住宅必须按模数进行设计。基本模数是以 1m 为单位，建筑设计模数以 3m 为单位。丹麦另一个重点发展的内容是"产品目录设计"，完善成品化住宅体系。成品住宅的各个构件在其工厂按统一模数标准生产，然后将不同的住宅构件组装成最终的住宅产品。通用构件总目录收录了全国各个厂家的产品，为住宅设计选材方面提供便利。丹麦特别重视住宅的使用寿命和构件的耐久性，如在建筑部件通用化体系研究方面，丹麦国立建筑研究所（SBI）和体系建筑协会（BPS）所研究生产的预制构件产品，不仅适用于新建筑的建造，同时也适用于旧建筑的改造。此外受文化影响，丹麦在进行住宅开发时注重建筑文化的拓展，强调对外来文化及技术的包容性，重视区域特色的发展，从而实现了住宅的多样化。

综上，国际发展经验表明，装配式装修有利于建筑长寿命，绿色可持续发展。部品系统和适合干式工法的 SI 集成技术体系是装配式装修发展的两个必要条件。

1.3 国内装配式装修的发展情况和面临的问题

1.3.1 国内装配式装修的发展情况

相对于发达国家，我国装配式装修发展尚处于初级阶段，技术标准需尽快完善，构建设计、生产、施工、验收维护等完整的产业链，引导和规范装修产业化发展。虽然我国在零散的、未成体系的装配式装修部品领域发展可追溯的历史十分悠久，但是成体系的装配式装修技术发展到现在仍落后于国外发达国家。我国从 1996 年开始正式在全国推行住宅产业化试点，结合我国建筑装修相关政策导向，20 世纪 80 年代以来大致发展可划分为三个阶段。

（1）探索期（20 世纪 80 年代～2007 年），政策引导部分企业尝试　20 世纪 80 年代，国内一批学者介绍引进了支撑体住宅，为工业化住宅室内装修模块化提供了发展和突破的基础。自 20 世纪 90 年代末开始，我国相继出台了多个文件，引导和鼓励新建商品住宅一次装修到位或采用菜单式装修模式，推广全装修房。

1995 年前后国内提出了"住宅部品"概念。在 1999 年的 72 号文件《关于推进住宅产业现代化提高住宅质量的若干意见》中进一步明确建立住宅部品体系的具体工作目标，首次提出"加强对住宅装修的管理，积极推广一次性装修或菜单式装修模式，避免二次装修造成的破坏结构、浪费和扰民等现象"。2002 年《商品住宅装修一次到位实施导则》（建住房［2002］190 号）发布，从住宅开发、装修设计、材料和部品的选用、装修施工等多方面提出指导意见和建议。

期间以万科为主的国内实力企业借鉴日本的内装技术，进行了装配式装修的初步尝试。这一阶段政府、企业的探索与尝试为装配式装修发展奠定了基础。同时也证实了由于国内发展环境不成熟，情况相对复杂，国外的技术体系在我国的应用会受到客观条件的种种限制，复制日本等国家的技术体系在我国行不通。

（2）调整期（2008～2015 年），试点示范与政府倡导并行　我国着力推动 SI 住宅，基于干式工法作业的装配式装修技术不断发展。2008 年，住房和城乡建设部下发《关于进一步加强住宅装饰装修管理的通知》（建质［2008］133 号），明确要求推广全装修住房，逐步达到取消毛坯房，直接向消费者提供全装修成品房的目标。同年住房和城乡建设部住宅产业化促进中心编制《全装修住宅逐套验收导则》，对装修的分部分项工程明确验收标准，使开发商交付全装修住宅时有章可循。

2010 年住房和城乡建设部住宅产业化促进中心主持编制了《CSI 住宅建设技术导则

（试行）》CSI（China Skeleton Infill）标准体系，针对我国住宅建设方式造成的住宅寿命短、耗能大、质量通病严重和二次装修浪费等问题，吸收支撑体和开放建筑理论特点，借鉴了日本欧洲、美国的发展经验，体现了我国特色。

2013年，住房和城乡建设部出台《住宅室内装饰装修工程质量验收规范》（JGJ/T 304—2013），着力破解了全装修领域有施工标准、无验收标准的难题。2015年住房和城乡建设部颁布的《住宅室内装饰装修设计规范》（JGJ 367—2015）明确住宅室内装饰装修设计内容、设计深度等要求，为住宅全装修发展提供技术支撑。

实践方面，2008年中日技术集成试点工程——雅世合金公寓项目；2010年2月，中国房地产业协会和日本日中建筑住宅产业协议会签署了《中日住宅示范项目建设合作意向书》，就促进中日两国在住宅建设领域进一步深化交流、合作开发示范项目等达成一致意见。在此期间，2012年北京市保障房开始采用装配式装修技术，取得突破性进展，以高米店公租房、马驹桥公租房等为代表的一批保障性住房采用装配式装修，体现了施工便捷、质量优良的优势。装配式装修从局部装配发展到全屋系统解决方案阶段。2015年7月，绿地南翔威廉公馆百年住宅SI内装专项施工总包项目顺利通过竣工验收。

（3）大力发展期（2016年至今），在政府鼓励下企业积极行动 以2016年9月27日国务院发布的《关于大力发展装配式建筑的指导意见》为标志，装配式装修与装配式建筑同时受到关注。明确提出，"推进建筑全装修。实行装配式建筑装饰装修与主体结构、机电设备协同施工。积极推广标准化、集成化、模块化的装修模式，促进整体厨卫、轻质隔墙等材料、产品和设备管线集成化技术的应用，提高装配式装修水平。倡导菜单式全装修，满足消费者个性化需求。"

2017年1月住房和城乡建设部发布国家标准《装配式混凝土建筑技术标准》（GB/T 51231）和《装配式钢结构建筑技术标准》（GB/T 51232），两个标准中对"装配式装修"的术语给出了明确定义。2018年2月起《装配式建筑评价标准》（GB/T 51129）开始实施，其中装修与设备管线评分为30分，并且明确提出"装配式建筑宜采用装配化装修"。此外，一些地方政府也在积极编制装配式装修相关的标准规范，装配式装修的发展环境正在不断优化。

1.3.2　国内发展装配式装修面临的问题

大力发展装配式建筑已经成为建筑业转型升级的必然选择，随着政策、标准体系的完善，装配式装修发展的环境趋于成熟。然而，从国际比较来看，我国装配式装修发展尚处于初级阶段，发展过程中仍面临一定的问题。

（1）涉及领域繁杂，导致行业有效供给不足 长期以来虽然政府大力支持"全装修"，但是相对于建筑开发商来讲，装修环节依然是个难题，根本原因在于缺少"既能保证质量又能兼顾效益"的装修方法。装配式装修为解决这一难题提供了行之有效的方法，但是由于其涉及的领域非常繁杂，是跨行业、跨业态、多领域的，包括基础材料开发、制造集成技术、建筑服务业等，各个环节之间关联性低，很难进行高度集成。

能够将这些复杂业态集成在一起，对于企业自身的经济实力及其资源整合能力要求极高。满足这种高度集成行业发展的复合型人才更为稀缺，这也成为制约其发展的主要因素之一；放眼全球来看，由于我国国情的复杂性，很难找到成熟的装配式装修领域的成功企业作为标杆来学习借鉴，因此这一行业的发展主要依靠国内企业的不断摸索。

（2）标准体系不完善，企业创新遇阻 目前我国关于装配式建筑的相关标准体系正在逐渐完善的过程中，但是作为其有益补充的装配式装修相关标准体系尚未形成，在一定时期内，装配式装修作为一种创新性的装修方式，在实际执行过程中仍然存在与传统的标准体系冲突的问题，比如在质检等多个环节。传统装修是在建筑体系中相对独立的环节。传统方式都是先结构后装修，对建筑中的其他环节没有影响，而装配式装修则要求从设计开始到生产、现场施工、后期维护等全流程参与。因此装配式装修的标准规范要延伸到设计、生产、施工等多个领域，需要重新设定相应的标准。

（3）制度与机制不健全，发展空间受限　装配式装修作为一种创新型的技术手段，在推广过程中，也会在制度与机制方面屡屡碰壁。比如在传统承包模式下，需要先有解决方案，再有责任主体。业主分别把设计和施工任务交给不同的承包商来完成，而他们的工作又是依次进行的。只有当设计工作完成之后，业主才能通过施工招标来选择施工承包商，由施工承包商按照设计图纸完成施工任务，设计环节与施工环节缺少必要的沟通与协调。专业设计一般不会太复杂，在整个项目中设计工期所占比例不高，而施工期则相对较长，技术要求可高可低，工程规模可大可小，工期不易把控。装配式装修这种与设计环节联系紧密、施工环节相对简单的创新做法，与之流程相悖，在旧有招标模式下，创新型企业生存空间受限。

除以上问题外，市场中新型部品和材料的比例相对较低，制约了装配式装修在更大范围、更高层次的推广应用。部品的模数协调体系不成熟，部品的尺寸、性能的标准化和通用化程度差的问题依然存在，制约了装配式装修的全面推广。

1.4　发展装配式装修的现实意义

装配式装修不仅适用于新建建筑，也适用于对既有建筑的翻新与改造；不仅适用于居住建筑，也适用于公共建筑；不仅适用于预制混凝土结构装配式建筑，也适用于钢结构、木结构的装配式建筑。发展装配式装修，从全社会的角度，具有四个方面的重要意义。

1.4.1　有利于提高建筑品质，促进可持续发展

装配式装修对于全面提升建筑品质具有多方面的优势，切实提高建筑的安全性、耐久性和舒适性，满足人民群众对建筑品质的更高需求。由于部品在工厂制作，通过工业化手段来提升产品的质量，全面保证内装部品的使用性能，并且利于后期维修维护，提升用户的使用感受；装配式装修实现了内装与管线、结构分离，利于内装灵活调整，不损伤建筑主体结构，提升建筑使用寿命；装修现场无湿作业、无噪声、无垃圾、无污染，装修完毕即可入住，实现了建筑内装环节的节能环保；此外，装配式装修的部品工厂制造环节更有利于融入信息化手段，通过工业化与信息化融合，实现部品质量可追溯，利于装修完成后的检修及后期维护，部品数据及时录入数据库，对于提升室内装修管理，建设智慧型社区具有积极的促进作用。

通过装配式装修生产方式的变革，建筑质量安全整体水平提升，为消费者提供高品质、具有长久使用价值的"好房子"，促进可持续发展。

1.4.2　有利于解决人口瓶颈，促进建筑业转型发展

人口红利逐渐消失，建筑业急需转型。长期以来建筑业作为智力与体力紧密结合的产业，存在大量的体力劳动岗位。随着我国迈入老龄化社会以及城镇化进程的加速，农村的富余劳动力越来越少，人们就业观也相应调整，对于建筑业的就业选择越来越少。随着人口红

利消失，未来建筑用工成本将会不断上升。目前的建筑劳务市场，一线工人大多在 50 岁以上，将来这些老龄化的工人师傅将会越来越少，年轻人不愿意再从事这样的脏、苦、累的工作。近年来，在大量项目停建的环境背景下，薪酬涨幅与招工难度依旧难以匹配，建筑行业的劳务紧缺程度可见一斑。

装配式装修将传统的装修施工逻辑转变为工业产品逻辑，部品部件工厂化操作主要采取机械化方式，将在很大程度上缓解劳务的紧缺。并且随着装配式装修应用的推广，未来建筑结构与内装的匹配度更高，装配化将成为主流生产方式。从长远看，解决建筑一线工人老龄化，把建筑农民工转变成产业工人，将成为必然趋势。

1.4.3　有利于建立现代化理念，改变建筑行业生态

在装配式装修理念推行下，传统建筑业的生态环境将彻底被颠覆，建筑业将不再是苦、脏、累、险的行业。而是科技型、节能环保型、生态友好型、和谐宜居型。装配式装修将以"BIM＋"为代表的高技术领域融入建筑产业转型升级，将绿色建材应用于建筑与装修环节，将干法施工、快装工艺传达到一线作业的工人，将多养护、少维修、全生命周期管理等高端理念运用到建筑的管理运维中去，成为全新的现代化建筑理念。

1.4.4　有利于缓解环境问题，促进建筑业绿色发展

在我国社会、经济飞速发展的过程中，能源与环保问题变得日益严峻起来，雾霾、PM2.5 等凸显了我国环境治理的迫切性，节能、节水、减排、绿色已经成为经济发展的约束性指标。我国建筑行业能耗至少占全社会的 1/3，传统建造方式已经到了必须变革的地步。毛坯房的传统装修方式，由工人现场进行大量的湿作业，手工作业的建筑内装修，与实现节能减排、减少环境污染、提升劳动生产效率和质量安全水平，为百姓提供更高品质、更优居住环境的建筑的目标相去甚远。发展装配式装修符合当前我国推进供给侧结构性改革和新型城镇化发展的总体要求，有利于建筑业的绿色发展。

从技术本身来看，装配式装修是将室内大部分装修工作在工厂内通过流水线作业进行生产（如室内门、门套、窗套、橱柜等），装配式装修根据现场的基础数据，通过模块化设计、标准化制作，提高施工效率，保证施工质量，使建筑装修模块之间具有很好的匹配性。同时批量化生产能够提高劳动效率，节省劳动成本。在这种建造方式的前提下为施工现场的绿色装配创造了积极和有利的条件，为促进节能减排和建设可持续发展的社会奠定了基础，具体体现在以下方面。

（1）节材　装配式部品按照现场情况定制，不会给予通用材料现场加工，既规避了手工操作带来的不精细，又避免富余尺寸带来的材料采购费用损失，更减少了现场垃圾。

（2）节水　装配式装修采用干法作业，极大地减少了水资源的消耗，同时也减少了相关工序的间隔时间，缩短了工期。

（3）节能　装配式装修从设计到生产及现场安装，提高了施工能源利用率，可以更合理地安排工序，提高各种机械的使用率，降低各种设备的单位耗能。用电、用气、用油量都减少。装修与材料的批量采购高度契合，进场时间和批次可控，极大地减少了库存，避免和减少了二次搬运所带来的无谓的材料损耗。

（4）去加工　装配式装修材料采用的是工业化的成型部品，其连接方式主要为粘接和机械固定（螺丝连接），结构简单，连接可靠，材料环保，可逆装配，并预留公差，保证施工现场的容错，所以装配式装修严禁在现场进行任何裁切、焊接等二次加工。

（5）去污染　正因为没有二次加工，所以在现场极大地减少和避免了噪声污染、粉尘污染、光污染。与此同时，装修部品原材以无机环保材料为主，从源头上规避了污染源。现场在洁具等收边时使用少量结构胶和密封胶。固体废弃物的产生也减少了，主要是可回收的包装物。正因为装配式装修能够带来装修现场的绿色化，所以在北京供暖季因环保要求而停止传统装修时，装配式装修可以继续施工。

（6）工人有尊严　在一个类似总装车间的施工现场，进行各类装修部品的组装，相当于工厂生产线的延伸，移动的总装车间，工人产业化，按照标准工序组装，环境友好，工作得更加有尊严。

1.5　装配式装修部品的装配率得分

《装配式建筑评价标准》中明确规定，装配式建筑必须采用全装修。没有提供全装修的建筑，不能认定为装配式建筑，全装修拥有一票否决权，这是国家在发展装配式建筑的顶层政策设计中，避免了毛坯房交付与二次装修所带来的建筑结构伤害、材料浪费与环境污染。另外，实现全装修的技术路径有很多种，国家鼓励集成化、模块化、标准化的装修模式，推广装配化的全装修。本书所引用的基于硅酸钙复合板体系的全屋集成装配式装修，无疑是装配化全装修的典型实践，是一种多、快、好、省的全装修。比如，装配式隔墙部品就是一种内隔墙非砌筑技术，不仅可以拿到 5 个标准分，还实现了内隔墙与管线、装修一体化，拿到了另外 5 个标准分。又比如，由于全屋采用集成给水部品、薄法同层排水部品、集成采暖部品，都是典型的管线与结构分离技术，可获得 6 个标准分。再比如，采用装配式架空地面部品，取得干式工法楼地面的 6 个标准分；集成卫生间、集成厨房的 12 个标准分全部囊获。最后，还有全装修的 6 个标准分（表 1-4）。

表 1-4　装配式建筑评分表

评价项		评价要求	评价分值/分	最低分值/分
主体结构（Q_1）（50分）	柱、支撑、承重墙、延性墙板等竖向构件	35%≤比例≤80%	20～30[*]	20
	梁、板、楼梯、阳台、空调板等构件	70%≤比例≤80%	10～20[*]	
维护墙和内隔墙（Q_2）（20分）	非承重围护墙非砌筑	比例≥80%	5	10
	围护墙与保温、隔热、装饰一体化	50%≤比例≤80%	2～5[*]	
	内隔墙非砌筑	比例≥50%	5	
	内隔墙与管线、装修一体化	50%≤比例≤80%	2～5[*]	
装修与设备管线（Q_3）（30分）	全装修	—	6	6
	干式工法楼面、地面	比例≥70%	6	—
	集成厨房	70%≤比例≤90%	3～6[*]	
	集成卫生间	70%≤比例≤90%	3～6[*]	
	管线分离	50%≤比例≤70%	4～6[*]	

注：来源于《装配式建筑评价标准》。
带"＊"项的分值采用"内插法"计算。

由此可见，全部采用本书提及的装配式装修技术，在装配式建筑评价标准中关于装配率已经拿到 40 个标准分，这对于获得 A 级装配式建筑评价，获得了比较好的起步条件，降低了在主体结构和围护墙上得分的难度。装配式装修，将成为装配式建筑中不可分割的重要组成部分，是装配式建筑评价标准中获得高装配率的必要和有益的补充。

第2章
部品构造

2.1 部品概念

　　装配式建筑由结构系统、外围护系统、内装系统、设备与管线系统构成，并且四个系统进行一体化设计建造。而内装系统、设备与管线系统又分别由若干部品组成。在本书介绍的装配式装修中，内装系统分为装配式隔墙、装配式墙面、装配式架空地面、装配式吊顶、集成门窗、集成卫浴、集成厨房等部品；设备与管线系统分为集成给水、薄法同层排水、集成采暖等部品。装配式装修的部品如图2-1所示，本书各章节相继介绍十个部品的构造、设计、生产、施工、验收，以及以硅酸钙复合板体系实施的全屋装配式装修案例。市场上同样处于发展中的石膏板体系、木塑体系、金属板体系的其他装配式装修部品，由于没有大规模应用于工程实践当中，故本书暂未收录；电气部品受既有规范约束，具有装配式集成布线系统及标准快装接口的产品还处于尚未大范围实践阶段，本书也暂未收录。

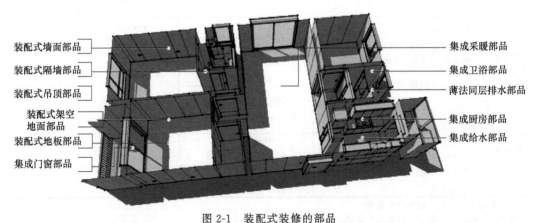

装配式墙面部品
装配式隔墙部品
装配式吊顶部品
装配式架空
地面部品
装配式地板部品
集成门窗部品

集成采暖部品
集成卫浴部品
薄法同层排水部品
集成厨房部品
集成给水部品

图2-1　装配式装修的部品

　　构成部品的元素从大至小依次是部品、部件、配件。部品是指将多种配套的部件或复合产品以工业化技术集成的功能单元，例如集成式卫生间是一个规模大、功能全、性能要求高的部品。部件是指具备独立的使用功能，满足特定需求的组装成部品的单一产品，例如支撑架空模块的地面PVC调整脚。配件都是匹配部件的不能再拆分的最小单位功能体，例如安装在地面 PVC 调整脚底部的橡胶减震垫。若干个配件组合成为某一部件，若干个部件组合而成了某一部品。本章在介绍各个部品时，重点在于剖析每个部品由哪些部件构成，它们各自承担哪些功能。

2.2 部品与材料的区别

部品是通过工业化制造技术，将传统的装修主材、辅料和零配件等进行集成加工而成的，是在装修材料基础上的深度集成与装配工艺的升华。将以往单一的、分散的装修材料，以工业化手段，融合、混合、结合、复合成的集成化、模数化、标准化的模块构造，以满足施工干式工法、快速支撑、快速连接、快速拼装的要求。

在装配式建造的大趋势下，部品要优于种类多、装修作业工序复杂的传统装修材料，部品不再依靠安装人员手艺水平，非职业工种人员只需参照装配工艺手册，使用简单的工具即可组合安装完成。举例说明，石膏、腻子、壁纸、胶等都是现场必须湿作业的传统装修材料，在工厂中预先加工成模块化的带有壁纸饰面的墙板，运输至装修现场以后，可以快速拼装，使得现场没有裁切，取消了批腻子、打磨等基层找平，取消了手工现场裱糊壁纸，从而装修成果绿色环保、质量有保证，不会因为裱糊工手艺差异呈现不同的装修结果。这种将找平、支撑、饰面于一体的集成墙板就是一个装修部品。无论部品的内涵，还是部品的组合功能，都比单一而分散的石膏、腻子、壁纸、胶材料要强大。

部品要具备符合构造安全、经济耐用和可持续发展的要求，根据使用场景的不同需具有相应的防火、防水、耐久、环保、重复利用等特性，同时要实现装配、维修过程中免开凿、免开孔、免裁切、安装快、可拆卸、宜运输等要求。装配式装修正是基于装修部品的基础上实现的，是装修产业在供给侧的创新，推进施工现场的工业化思维及其全体系解决方案，将工厂化的服务触角延伸至装配现场，将现场视为移动工厂的总装车间去可控地管理。

2.3 装配式隔墙部品

2.3.1 部品构成

装配式隔墙的核心在于采用装配式技术快速进行室内空间分隔，在不涉及承重结构的前提下，快速搭建、交付、使用，为自饰面墙板建立支撑载体。装配式隔墙部品主要由组合支撑部件、连接部件、填充部件、预加固部件等构成（图 2-2）。

（1）组合支撑部件　隔墙由轻钢龙骨支撑，具体由天地轻钢龙骨（装配式装修部品编码 30-15.55.20.10）、竖向轻钢龙骨（装配式装修部品编码 30-15.55.20.20）和横向轻钢龙骨（装配式装修部品编码 30-15.55.20.30）连接做支撑体（图 2-3）。根据使用场合不同，分为 50 系列和 100 系列，居住建筑主要应用 50 系列轻钢龙骨支撑；

图 2-2　装配式隔墙部品

办公建筑主要应用 100 系列轻钢龙骨支撑。所有龙骨横截面都固定，长度根据空间尺寸可定制，以居住建筑 50 系列轻钢龙骨为例，天地轻钢龙骨横截面规格为 50mm×45mm×0.6mm；竖向轻钢龙骨横截面规格为 50mm×35mm×0.6mm；横向轻钢龙骨横截面规格为 38mm×10mm×0.8mm。

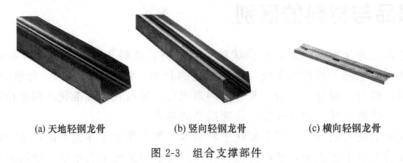

（a）天地轻钢龙骨 　　　　（b）竖向轻钢龙骨 　　　　（c）横向轻钢龙骨

图 2-3　组合支撑部件

　　（2）连接部件　轻钢龙骨与墙顶、地面等结构体的连接，通常应用塑料胀塞螺丝（装配式装修部品编码 30-15.85.20.25）；龙骨之间的连接，通常应用磷化自攻螺丝（装配式装修部品编码 30-15.85.20.05），如图 2-4 所示。

　　（3）填充部件　隔墙内填充岩棉板主要起到吸音、降噪作用（图 2-5），居住建筑主要应用 50 系列容重为 80kg/m³ 的岩棉，基本规格为 400mm×1200mm×50mm；办公建筑主要应用 100 系列容重为 48kg/m³ 的玻璃棉，基本规格为 400mm×1200mm×100mm。

　　（a）塑料胀塞螺丝　　　　（b）磷化自攻螺丝　　　　　　　　　岩棉板

图 2-4　连接部件 　　　　　　　　　　　　　　　　图 2-5　填充部件

　　（4）预加固部件　对于隔墙上需要吊挂超过 15kg 或者即使不足 15kg 却产生振动的部品时，需要根据部品安装规格预埋加固板，加固板与支撑体牢固结合，一般使用不低于 9mm 具有防火性能的木质多层板。

2.3.2　部品特点

　　隔墙部品属于非结构受力构件，因而在材质上具有轻质、高强、防火、防锈、耐久的特点，空腔内便于成套管线集成和隔声部品填充；在施工上具有干式工法、快速装配、易于搬运、灵活布置的特点，可以与混凝土结构、钢结构、木结构融合使用；在使用上具有省空间（超薄）、隔声可靠、可逆装配、移动重置、易于回收等特点，满足用户改变房间功能分区的重置需要。

2.3.3　应用范围

　　隔墙部品具有一定的隔声、保温、防火功能，可用于分隔户内空间，并确保各功能空间尺寸精确。轻钢龙骨部品系统应用范围广，用于居住建筑、办公建筑、酒店公寓、医疗建筑、教育建筑等的室内分室隔墙。针对不同特定空间需要具备的防水、防潮、防火、隔声、抗冲击等要求，需要在隔墙中辅助填充相应增强性能的部品即可。

2.4 装配式墙面部品

2.4.1 部品构成

　　装配式墙面部品是在既有平整墙、轻钢龙骨隔墙或者不平整结构墙等墙面基层上，采用干式工法现场组合安装而成的集成化墙面，由自饰面硅酸钙复合墙板和连接部件等构成（图 2-6）。

　　（1）自饰面板　自饰面硅酸钙复合墙板（装配式装修部品编码 30-15.50.20.20）可以根据使用空间要求，进行不同的饰面复合技术处理，表达出壁纸、布纹、石纹、木纹、皮纹、砖纹等各种质感和肌理的饰面，也可以根据客户需要定制深浅颜色、凹凸触感、光泽度。具体应用在各类建筑中，根据不同空间的防水、防潮、防火、采光、隔声要求，特别是视觉效果以及用户触感体验，

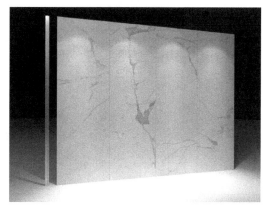

图 2-6　装配式墙面

可以选择相适应的自饰面墙板。自饰面硅酸钙复合墙板在工厂整体集成，在装配现场不再进行墙面的批刮腻子、裱糊壁纸或涂刷乳胶漆等湿作业即可完成饰面，硅酸钙复合墙板厚度通常为 10mm，宽度通常为 600mm 或 900mm 的优化尺寸，高度可根据空间定制。自饰面板见表 2-1。

表 2-1　自饰面板

T-UV 涂装系列饰面层目录			T-UV 涂装系列饰面层目录			T-UV 涂装系列饰面层目录		
适用范围：地板、厨卫墙板、造型主题墙			适用范围：地板、厨卫墙板、造型主题墙			适用范围：地板、厨卫墙板、造型主题墙		
序号	企业编号	图片	序号	企业编号	图片	序号	企业编号	图片
1	T-石纹-1 银灰洞		1	T-木纹-1 条格黄松		1	T-马赛克-1 乌金石	
2	T-石纹-2 意大利木纹灰		2	T-木纹-2 条格樱桃纹		2	T-马赛克-2 贝母棕	

T-UV 涂装系列饰面层目录			T-UV 涂装系列饰面层目录			T-UV 涂装系列饰面层目录		
适用范围：地板、厨卫墙板、造型主题墙			适用范围：地板、厨卫墙板、造型主题墙			适用范围：地板、厨卫墙板、造型主题墙		
序号	企业编号	图片	序号	企业编号	图片	序号	企业编号	图片
3	T-石纹-3 爱马仕灰		3	T-木纹-3 条格红樱桃		3	T-马赛克-3 孔雀鱼	

B-壁纸、壁布、墙纸系列饰面层目录			B-壁纸、壁布、墙纸系列饰面层目录			B-壁纸、壁布、墙纸系列饰面层目录		
适用范围：客厅、餐厅、卧室墙面			适用范围：客厅、餐厅、卧室墙面			适用范围：客厅、餐厅、卧室墙面		
序号	企业编号	图片	序号	企业编号	图片	序号	企业编号	图片
1	B-麻布纹-1 咖色		1	B-麻线纹-1 深咖		1	B-直纹-1 棕咖	
2	B-麻布纹-2 浅灰		2	B-麻线纹-2 乳白		2	B-直纹-2 棕白	
3	B-麻布纹-3 米黄		3	B-麻线纹-3 鹅黄		3	B-直纹-3 灰绿	

　　当墙板需要装配在不平整结构墙上或者必须留有管线的墙上时，需要在墙面预装支撑构造，通常用横向轻钢龙骨（装配式装修部品编码 30-15.55.20.30）与钉型塑料调平胀塞（装配式装修部品编码 30-15.80.20.10）在结构墙基层固定（图 2-7 和图 2-8）。考虑到墙面偏差较大以及调整方正的需要，钉型塑料调平胀塞有 50mm、70mm、100mm、120mm 等系列可以选择。

图 2-7　横向轻钢龙骨

图 2-8　钉型塑料调平胀塞

（2）连接部件　墙板与墙板之间采用工字形铝型材（装配式装修部品编码30-15.85.10.10）进行暗连接；需要体现板缝装饰效果的可配合土字形铝型材（装配式装修部品编码30-15.85.10.15）做明连接；在转角处可以分别使用钻石阳角铝型材（装配式装修部品编码30-15.85.10.40）和组合阴角铝型材（装配式装修部品编码30-15.85.10.50）进行阳角、阴角的连接，钻石阳角铝型材和组合阴角铝型材的表面，都可以通过复合技术处理成与墙板一致的壁纸或者其他金属色。所有铝型材都通过十字平头燕尾螺丝（装配式装修部品编码30-15.85.20.20）固定在平整墙面或轻质隔墙龙骨上。装配式墙面连接部件如图2-9所示。

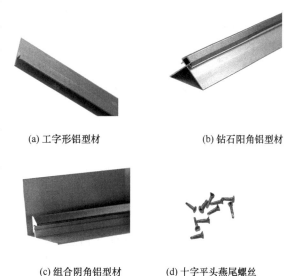

(a) 工字形铝型材　　　　　(b) 钻石阳角铝型材

(c) 组合阴角铝型材　　　(d) 十字平头燕尾螺丝

图 2-9　装配式墙面连接部件

2.4.2　部品特点

自饰面硅酸钙复合墙板在材质上具有大板块、防水、防火、耐久的特点；在加工制造上易于进行表面复合技术处理，饰面仿真效果强、拼缝呈现工业构造的美感；在施工上完全采用干式工法，装配效率高，不受冬天、雨季的影响；在使用上具有可逆装配、防污耐磨、易于打理、易于保养、易于翻新等特点，特别是工厂整体包覆的壁纸、壁布墙板，侧面卷边包覆的工艺可以有效避免使用中的开裂、翘起等现象。

需要引起注意的是，自饰面硅酸钙复合墙板对于悬挂重物或振动物体时有限制，需要在设计之初预埋加固板。

2.4.3　应用范围

自饰面硅酸钙复合墙板由于性能稳定，目前看来，可以应用于所有建筑的室内空间，并且可以与干式工法的其他工业化部品很好地融合，如玻璃、不锈钢、干挂石材、成品实木等。

2.5　装配式吊顶部品

2.5.1　部品构成

目前，对于居室顶面，由于用户审美习惯和消费心理因素，尚不能广泛应用 A 级耐火等级、快速安装且没有拼缝的模块化部品，没有拼缝就意味着不能完全工厂化、集成化、模块化，因而目前居室顶面最适宜的方式还是涂刷乳胶漆，而在厨卫空间，有各种成熟体系的装配式吊顶解决方案。装配式吊顶部品如图2-10所示。

（1）自饰面板　自饰面硅酸钙复合顶板（装配式装修部品编码30-15.50.20.30）可以根据使用要求，进行不同的饰面复合技术处理，表达出壁纸、布纹、石纹、木纹、皮纹、砖纹等各种质感和肌理的饰面，硅酸钙复合顶板（图 2-11）厚度通常为 5mm，宽度通常为 600mm，长度可根据空间定制。在顶板上，可根据设备配置需要，预留换气扇、浴霸、排烟管、内嵌式灯具等各种开口。

图 2-10　装配式吊顶部品

图 2-11　硅酸复合顶板

　　（2）连接部件　当墙面是硅酸钙复合墙板时，在跨度低于 1800mm 的空间安装硅酸钙复合顶板，可以免去吊杆吊件，通过几字形铝型材（装配式装修部品编码 30-15.85.10.35）搭设在硅酸钙复合墙板上，利用墙板为支撑构造。硅酸钙复合顶板之间沿着长度方向，用上字形铝型材（装配式装修部品编码 30-15.85.10.30）以明龙骨方式浮置搭接［图 2-12 （a）］。当顶板采用包覆饰面技术时，几字形铝型材和上字形铝型材可以复合相同饰面材质［图 2-12（b）］，增强统一感。

(a) 上字形铝型材　　　　　　　(b) 几字形铝型材

图 2-12　连接部件

2.5.2　部品特点

　　自饰面硅酸钙复合顶板在材质上具有密度高、自重轻、防水、防火、耐久的特点；在施工上完全免去吊杆吊件，无粉尘，无噪声，快速装配，不用预留检修口；在使用上具有快速拆装、易于打理、易于翻新等特点。

2.5.3　应用范围

　　自饰面硅酸钙复合顶板比较适合于厨房、卫生间、阳台以及其他开间小于 1800mm 的空间。

2.6　装配式架空地面部品

2.6.1　部品构成

　　装配式装修楼地面处理的目标是在规避抹灰湿作业的前提下，实现地板下部空间的管线敷设、支撑、找平、地面装饰。其中，架空模块实现将架空、调平、支撑功能三合一；自饰面硅酸钙复合地板，材质偏中性，性能介于地砖和强化复合地板之间，并兼顾两者优势，地板可免胶安装。装配式架空地面部品（图2-13）主要由型钢架空地面模块、地面PVC调整脚、自饰面硅酸钙复合地板和连接部件构成。

图 2-13　装配式架空地面部品

（1）组合支撑部件　型钢架空地面模块（装配式装修部品编码30-15.80.10.10）以型钢与高密度硅酸钙板基层为定制加工的模块，根据空间厚度需要，可以定制高度20mm、30mm、40mm系列的模块，标准模块宽度为300mm或400mm，长度可以定制。点支撑地面PVC调整脚（装配式装修部品编码30-15.80.20.60）是将模块架空起来，形成管线穿过的空腔。调整脚根据处于的位置，分为短边调整脚和斜边调整脚，斜边调整脚在模块靠近墙边时使用。调整脚底部配有橡胶垫，起到减震和防侧滑功能。组合支撑部件如图2-14所示。

(a) 型钢架空模块H40系列　　(b) 斜边调整脚　　(c) 短边调整脚

图 2-14　组合支撑部件

图 2-15　自饰面硅酸钙复合地板

（2）自饰面板　自饰面硅酸钙复合地板（装配式装修部品编码30-15.50.20.10）应用于不同的房间（图2-15），可以选择石纹、木纹、砖纹、拼花等各种质感和肌理的饰面，也可以根据客户需要定制深浅颜色、凹凸触感、光泽度。硅酸钙复合墙板厚度通常为10mm，宽度通常为200mm、400mm、600mm，长度通常为1200mm、2400mm，也可以根据优化房间尺寸定制。

（3）连接部件　模块连接扣件（装配式装修部品编码30-15.85.20.40）将一个个分散的模块横向连接起来，保持整体稳定。连接扣件与PVC调整脚使用米字头纤维螺丝（装配式装修部品编码30-15.85.20.40）连接，地脚螺栓调平对0～50mm楼面偏差有强适应性。边角用聚氨酯泡沫填充剂（装配式装修部品编码30-15.65.40.10）补强加固。地板之间采用工字形铝型材（装配式装修部品编码30-15.85.10.10）暗连接；需要做板缝装饰的可配合土字形铝型材（装配式装修部品编码30-15.85.10.15）做明连接，成为一个整体。连接部件如图2-16所示。

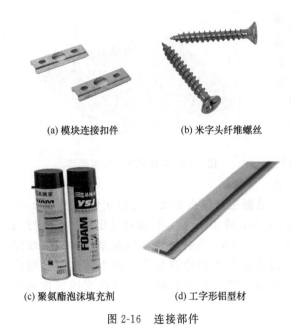

(a) 模块连接扣件　　　　(b) 米字头纤维螺丝

(c) 聚氨酯泡沫填充剂　　　(d) 工字形铝型材

图 2-16　连接部件

2.6.2　部品特点

　　装配式架空地面部品在材质上具有承载力大、耐久性好、整体性好的特点；在构造上能大幅度减轻楼板荷载、支撑结构牢固耐久且平整度高、易于回收；在施工上易于运输、易于调平、可逆装配、快速装配；在使用上具有易于翻新、可扩展性等特点。架空地面系统地脚支撑的架空层内布置水电线管，集成化程度高。自饰面硅酸钙复合地板在材质上具有大板块、防水、防火、耐磨、耐久的特点；在加工制造上易于进行表面复合技术处理，饰面仿真效果强，密拼效果超越地砖，可媲美天然石材；在施工上完全采用干式工法，装配效率高；在使用上具有可逆装配、防污耐磨、易于打理、易于保养、易于翻新等特点。

　　需要引起注意的是，自饰面硅酸钙复合地板表面效果可仿真地砖，但本身材质比瓷砖偏软，应避免锐器划伤。

2.6.3　应用范围

　　架空地面部品可以用于非采暖要求的空间，特别是在办公空间，有利于综合管线在架空层内布置，其中，居室卫生间宜采用架空地面模块-20系列。

2.7　集成门窗部品

2.7.1　部品构成

　　集成门窗部品实际上是集成套装门、集成窗套、集成垭口三类部品的统称。它们共同的特征是主要基于硅酸钙板和镀锌钢板的复合制造技术，让触感和观感都达到实木复合套装门及窗套的效果表达，带给用户高品质、长寿命的使用体验。与此同时，工厂预装配工作准备充分，比如合页与门套集成安装，门扇引孔预先加工，门锁锁体预先安装，窗套手指扣预先加工，使得装配现场降低操作程序与内容。下面从门扇、门套与垭口套、窗套、门上五金分述结构。

　　（1）门扇　本体系中铝-硅酸钙板复合套装门（装配式装修部品编码30-13.10.30.40），由门扇（图2-17）、门套及集成五金件组成。门扇以铝合金框架与自饰面硅酸复合板集成，工厂化手段预留引孔，预装锁体，减少现场测量开孔带来的不确

图 2-17　门扇

定性。根据房间是否需要采光可以分为无玻璃和嵌玻璃两种，根据开启方式可以分为平开门和推拉门。基于轻质隔墙空腔的优势，设置在轻质隔墙的推拉门，可以采用内藏式，最大限度提升空间效率。当采用木纹饰面门板时，可以体现凹凸手抓纹的立体效果。门上可以镶嵌石材、玻璃、有机玻璃等点缀性装饰材质。也可以根据空间需要进行平面雕刻、立体雕刻等工艺。铝-硅酸钙板复合套装门的门扇厚度通常为 42mm，宽度通常为 700mm、800mm、900mm，高度通常为 2100mm、2400mm，也可以根据优化房间尺寸定制。特别是办公空间要求，可以随隔墙高度安装套装门。

（2）门套与垭口套 铝-硅酸钙板复合套装门中与门扇匹配的是型钢复合门套（图2-18）与垭口套（装配式装修部品编码 30-13.10.30.50），该门套采用镀锌钢板成型压制，门套预留注胶孔，便于施工；门套自带静音条，增强隔声效果；门套底部配置防水靴，从根本上杜绝了地面存水浸湿门套导致的门套膨胀、锈蚀、变色、开裂等传统

图 2-18 型钢复合门套

木门的质量缺陷。型钢复合门套与垭口套可以根据墙体厚度定制宽度，宽度超过 200mm 的门套内侧增加硅酸钙板增强其整体刚性。门套上集成了合页。

（3）窗套 由型钢复合窗台（装配式装修部品编码 30-17.15.35.20）和型钢复合窗套（装配式装修部品编码 30-17.15.40.10）共同连接围合成窗套部品（图 2-19）。一般窗套宽度不宜超过 300mm。窗套饰面可以做成木纹或混油效果。四个面通过手指扣相互咬合连接。

(a)

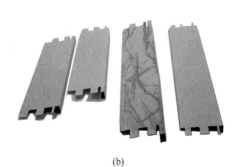

(b)

图 2-19 型钢复合窗套

(a)门锁执手　　　　(b)门顶

图 2-20 门上五金

（4）门上五金 套装门的合页已经与门套集成在一起，需要现场安装的五金主要有门锁执手和门顶（图 2-20）。

2.7.2 部品特点

集成门窗部品不同于传统装修使用的实木复合门窗，其具有超强的防水、防火、防撞、防磕碰特点，耐久性强，这对于在所有权与使用权分离的项目（集体产权的公租房、人才房、安居房）中应用具有天然优势，延长了部品使用期限，降低了业主

维护难度。另外，材质不受光线和温度变化的影响。最后，预先在工厂进行了高度集成，现场门窗装配效率高。由铝合金组框硅钙板制成的门扇，具有 A 级不燃、不发霉、没有外力影响下不弯曲变形的优点。

2.7.3　应用范围

集成门窗既可以用于一般居室，也可以用在对于防火防水要求高的厨房、卫生间，还可以用于隔声要求高的办公室、公寓。

2.8　集成卫浴部品

2.8.1　部品构成

集成卫浴部品（图 2-21）是由干式工法的防水防潮构造、排风换气构造、地面构造、墙面构造、吊顶构造以及陶瓷洁具、电器、功用五金件构成的，其中最为突出的是防水防潮构造。

图 2-21　集成卫浴部品

（1）防水防潮构造　装配式防水构造由整体防水构造、防潮构造和止水构造三部分组成。集成卫生间墙面四周满铺 PE 防水防潮隔膜，板缝承插工字形铝型材，墙板也具备防水功能，可以三重防水。地面整体防水采用热塑复合防水底盘（装配式装修部品编码 30-15.95.10.10），底盘自带 40mm 立体返沿，与防潮层、防水墙板形成搭接，底盘颜色和表面凹凸造型可以进行多种选择与设计。防潮构造是在墙板内平铺一层 PE 防水防潮隔膜（装配式装修部品编码 30-15.95.30.10），

以阻止卫浴内水蒸气进入墙体，PE 膜表面形成冷凝水导回到热塑复合防水底盘，协同整体防水防潮构造。止水构造是集成卫浴收边收口位置采用补强防水措施，具体有过门石门槛（装配式装修部品编码 30-15.95.20.10）、止水橡胶垫（装配式装修部品编码 30-15.95.20.50）、防水胶粒（装配式装修部品编码 30-15.95.20.60）。防水防潮部品如图 2-22所示。

(a) 热塑复合防水底盘

(b) PE防水防潮隔膜

(c) 止水橡胶垫

图 2-22　防潮防水部品

(2) 排风换气构造 主要由两部分构成，一是在卫浴设置排风扇或带有排风功能的浴霸（图 2-23），将卫浴内的气体强制抽到风道；二是卫浴的门下预留 30mm 空隙，保证补充来自于卫浴外部的空气，避免卫浴内空气负压导致地漏水封功能下降。

(3) 地面构造 集成卫浴的地面下部有排水管，保证排水畅通的前提要求是架空空间足够大，在不与居室地面完成面形成高差的目标之内，集成卫浴架空地面要薄而耐久可靠，可采用 20mm 厚的薄法型钢架空地面模块（装配式装修部品编码 30-15.80.10.10），如图 2-24 所示。在不降板的情况下，可在最低架空高度 120mm 实现淋浴、洗衣机、洗脸盆排水管同层排放。地面面层可铺贴硅酸钙复合板、地砖、花岗岩等材料。

图 2-23 带有排风扇功能浴霸

图 2-24 薄法型钢架空地面模块
（H20 系列）

集成卫浴的墙面构造同本书 2.5 节的要求、吊顶构造同本书 2.6 节的要求，陶瓷洁具、电器、功用五金件等都是通用的工业化供应部品，可以采用广泛接口，并不需要定制，此处不再赘述。

2.8.2 部品特点

整体卫浴是一种固化规格、固化部品的卫浴，是集成卫浴的一种特殊形式，而集成卫浴范围更大，除具有整体卫浴所有的特点之外，突出呈现出尺寸、规格、形状、颜色、材质的高度定制化特征。还因材质真实感强，与用户习惯的瓷砖、大理石、马赛克有同样的质感、光洁度、甚至触感、温感，能够使用户体验良好。相比较传统湿作业的卫生间，集成卫浴全干法作业，成倍缩短装修时间，特别突出的是连接构造可靠，能够彻底规避湿作业带来的地面漏水、墙面返潮、瓷砖开裂或脱落等质量通病。与传统装修比较，集成卫浴整体减重超过 67%。

2.8.3 应用范围

为满足加快工程进度，减少湿作业，实现管线分离及同层排放，提高装配率的要求，可以选择相适应的集成卫生间系统。

集成卫浴整体防水底盘可以根据卫生间的形状、地漏位置、风道缺口、门槛位置进行一次成型定制，这就决定了集成卫浴应用广泛，不受空间、管线限制。除居住建筑卫浴外，酒店、公寓、办公、学校均适用，甚至可以应用到高铁、飞机、船舶的卫生间装修中。

2.9 集成厨房部品

2.9.1 部品构成

集成厨房部品（图2-25）是由地面、吊顶、墙面、橱柜、厨房设备及管线等通过设计集成、工厂生产、干式工法装配而成的厨房，重在强调厨房的集成性和功能性。集成厨房的墙面构造同本书2.5节的要求，吊顶构造同本书2.6节的要求，地面同本书2.8节的要求，橱柜、电器、功用五金件等都是通用的工业化供应部品，可以采用广泛接口，并不需要定制，此处不再赘述，重点关注排烟构造、吊柜加固构造。

（1）排烟构造　装配式装修的集成厨房一般不再设置室内排烟道，以避免公共串味出现。采用二次净化油烟直接通过吊顶内铝箔烟道排出室外，为避免倒烟，在外围护墙体上安装不锈钢风帽（装配式装修部品编码30-43.40.30），如图2-26所示，配置90%以上净化效率的排油烟机是关键控制点。

图2-25　集成厨房部品

图2-26　不锈钢风帽

（2）加固构造　由于装配式装修的集成墙面有架空层，对于超过15kg的厨房吊柜需要预设加固横向龙骨，龙骨能够与结构墙体或者竖向龙骨支撑体连接。对于排油烟机、热水器等大型电器设备，在结构墙体或者竖向龙骨支撑体上应预埋加固板。

2.9.2 部品特点

集成厨房更突出空间节约，表面易于清洁，排烟高效；墙面颜色丰富、耐油污、减少接缝易打理；柜体一体化设计，实用性强；台面采用石英石，适用性强、耐磨；排烟管道暗设在吊顶内；采用定制的油烟分离烟机，直排室外，排烟更彻底，无需风道，可节省空间；柜体与墙体预埋挂件；整体厨房全部采用干法施工，现场装配率100%；吊顶实现快速安装；结构牢固、耐久且平整度高、易于回收。

2.9.3 应用范围

一般而言，集成厨房适用于居住建筑中。长租公寓等小户型多采用开放式厨房，在无燃气设施的条件下，墙板、吊顶易于与周边环境深度融合。

2.10 集成给水部品

2.10.1 部品构成

本书中装配式装修的集成给水部品介绍的是铝塑复合管的快装技术部品，具体由卡压式铝塑复合给水管、分水器、专用水管加固板、水管卡座、水管防结露部件等构成（图2-27）。

卡压式铝塑复合给水管（装配式装修部品编码30-31.10.30.05）是指将定尺的铝塑管在工厂中安装卡压件，水管按照使用功能分为冷水管、热水管、中水管，出于防呆防错的考虑，分别按照白色、红色、绿色进行分色应用。水管卡座根据使用部位的不同可分为座卡（装配式装修部品编码30-31.10.30.45）和扣卡（装配式装修部品编码30-31.10.30.55）。使用橡塑保温管（装配式装修部品编码30-45.10.15.10）防止水管结露。集成给水部品如图2-28所示。

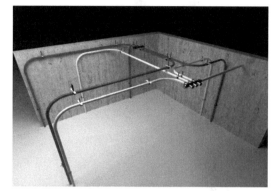

图 2-27 集成给水部品

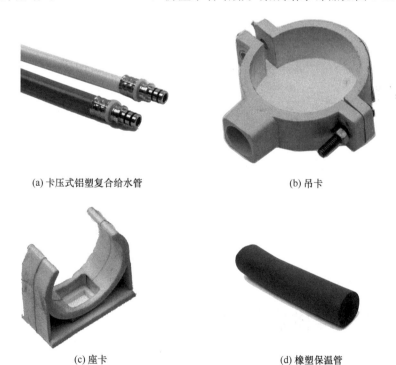

(a) 卡压式铝塑复合给水管　　　　　　　　　(b) 吊卡

(c) 座卡　　　　　　　　　(d) 橡塑保温管

图 2-28 集成给水部品

给水管的连接是给水系统的关键技术，要能够承受高温、高压并保证15年寿命期内无渗漏，尽可能减少连接接头，本系统采用分水器装置（装配式装修部品编码30-31.10.30.10）并将水管并联。为快速定位给水管出水口位置，设置专用水管加固板，根据应用部位细分为水管加固双头平板（装配式装修部品编码 30-31.10.30.20）、水管加固单头平板（装配式装修部品编码 30-31.10.30.25）、水管加固 U 形平板（装配式装修部品编码 30-31.10.30.30），如图 2-29 所示。

(a) 分水器   (b) 水管加固双头平板

(c) 水管加固单头平板   (d) 水管加固U形平板

图 2-29　连接构造部件

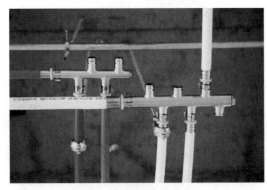

图 2-30　集成给水部品

2.10.2　部品特点

分水器与用水点之间整根水管采用定制方式，无接头。快装给水系统通过分水器并联支管，出水更均衡。水管之间采用快插承压接头，连接可靠，且安装效率高。水管分色和唯一标签易于识别。集成给水部品如图 2-30 所示。

2.10.3　应用范围

快装给水系统解决了居住建筑套型室内的冷水、热水、中水供应问题。

2.11　薄法同层排水部品

2.11.1　部品构成

本书中介绍的装配式装修配置的排水系统是基于主体结构不降板的薄法同层排水部品。整个卫生间排水系统分成两部分，一部分是架空地面之上的坐便器后排水，匹配 110mm 排水管，尽可能短地通向公区排水立管；另一部分是架空地面之下的 50mm 排水管，将地漏、淋浴、洗面盆、洗衣机等排水在卫生间整体防水底盘之下的薄法空间横向同层排至公区管井。装配式装修集成卫浴的薄法同层排水系统由承插式排水管、同排地漏、水管支架、积水排除器等构成。集成厨房的排水是在橱柜的地柜内直接用软管排至竖向立管。本书重点介绍的是装配式装修集成卫浴的薄法同层排水系统。

薄法架空的防水与专用地漏连接使用密封圈和专用螺栓固定，地漏深度满足防止反味与瞬间集中排水的需要。专用地漏包括同层排水专用淋浴地漏（装配式装修部品编码 30-32.20.10.10）和同层排水专用洗衣机地漏（装配式装修部品编码 30-32.20.10.30）。在同排空腔设置同层排水积除器（装配式装修部品编码 30-32.30.10.10），将可能出现的漏水引流至公区管井。薄法同层排水部件如图 2-31 所示。

(a) 聚丙烯排水管   (b) 专用淋浴地漏

(c) 专用洗衣机地漏   (d) 同层积水排出器

图 2-31　薄法同层排水部件

（1）连接构造　PP（聚丙烯）排水管（装配式装修部品编码 30-32.10.20.30）旋切连接口承插连接，并安置密封圈，减少排水管连接处的漏水。

（2）支撑构造　使用同层排水管可调座卡（装配式装修部品编码 30-32.30.10.30）固定排水管，一方面可调高度，以便排水管找坡；另一方面支架与地面采用非打孔方式固定，规避对于结构防水层的破坏。支撑部件如图 2-32 所示。

2.11.2　部品特点

通过将坐便器与其他排水分离，首先实现了薄法同层排水系统的第一个优点——薄，能够在 120mm 的薄

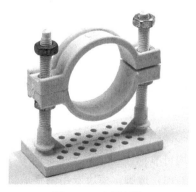

图 2-32　支撑部件
（同层排水可调座卡）

法空间实现同层排水；其次，同层排水相对于下排水，用户体验提升很多，规避了噪声、漏水的麻烦；再次，承插式构造比传统胶粘可靠性提升；最后，地漏、整体防水底盘与排水口

之间形成机械连接，从技术上解决了漏水源。同层排水专用淋浴地漏其水封大于 50mm，具有能拦截毛发和大部分垃圾，便于清洁和疏通堵塞的优点。聚丙烯同层排水管材具有寿命长，配套管件可实现插拔柔性连接，现场不需焊接融熔，可无限次拆卸安装等优点。同层排水可调座卡配套于同层排水管材，可实现 4～100mm 的无间隔调整（2 种规格）。

2.11.3　应用范围

薄法同层排水部品在居住建筑中广泛应用，同样适用于酒店、公寓等宜于采用集成卫浴的建筑中。

2.12　集成采暖部品

2.12.1　部品构成

图 2-33　集成采暖部品

本书中介绍的集成采暖是在基于装配式架空地面基础上的进一步集成，本部品的重点在于高度集成性，在本书 2.6 "装配式架空地面部品" 的模块结构中增加采暖管和带有保温隔热的聚苯乙烯泡沫板，就可以实现地面高散热率的地暖地面，形成型钢复合地暖模块（装配式装修部品编码 30-15.60.20.10）。集成采暖部品如图 2-33 所示。

（1）发热块　主要由支撑镀锌钢板架空部件、阻燃聚苯板保温部件、高密度硅钙板保护部件、地暖管部件以及相应的地脚扣件等配套部件组成（图 2-34）。发热块定宽为 400mm。

图 2-34　型钢复合地暖模块

（2）非发热块　除不含有地暖管部件外，其他部件完全同发热块。非发热块的长度、宽度均可非标。运至现场的非标块，保护板已经固定好。

（3）地脚　模块专用调整地脚分为平地脚（中间部位用）和斜边地脚（边模块用）两种，并匹配调节螺栓（50mm、70mm、100mm、120mm、150mm 五种规格），每个调节螺栓底部均设置橡胶垫。橡胶垫具有防滑和隔声功能，安装时不能遗失。连接部件如图 2-35 所示。

（4）分集水器　地暖热源主管入户后，通过分集水器（装配式装修编码 30-42.10.05.20）将地暖热源分配到各个房间单元，并辅以相应控制阀，此处地暖主管与分集水器通过专用滑紧球阀连接，避免了传统热熔的不可靠性。分集水器如图 2-36 所示。

(a) 斜边地脚

(b) 塑料调整脚

(c) 模块连接扣件

(d) 米字纤维螺钉

图 2-35　连接部件

2.12.2　部品特点

（1）安装快捷　地暖模块、PE-RT采暖管、硅酸钙板平衡板能够做到"三分离"且可快速连接，安装时固定地脚、盘管、盖板、调平一气呵成。

（2）散热率高　硅酸钙板平衡板导热性达到85％以上，脚感舒适。

（3）易于维护　随着使用时间的延长，采暖管内沉积了水垢，可以拆下水管清洗或更换，比其他地暖系统具有快拆快装的优势。

图 2-36　分集水器

2.12.3　应用范围

集成采暖部品可以应用于一切以水暖为热源的干式地暖建筑中。

第3章
集成设计

设计是龙头，处于项目理念、装修产品、部品体系选择的顶层设计制高点。装配式装修设计是建立在部品选型基础上的产品设计，结构与内装、内装与外围护、内装与设备及管线、设备及管线之间的关系紧密且相互影响，通过集成化设计全面考虑几者之间的相互关系，避免冲突，并形成各专业之间的连贯与融合，实现一张蓝图绘到底。

装配式装修之所以提出集成设计的概念，是由于建筑细部构成方式的不同，会对传统设计模式造成一定的影响。而且，为了实现准确装配，也需要前期设计一定程度的精细化。施工图纸的精细化程度，直接决定了装配程度、装配效率、总体造价、工期以及对室内空间的占用。传统的设计流程是在土建施工图之后，进入内装概念设计，然后是内装施工图，再进行部品施工图设计。而装配式装修出于标准化部件选用最大化原则，需要将后段工作提前，以避免不必要的空间浪费、工序制约和设计环节的反复修改。常规的做法是将内装设计提前到与土建施工图并行，并且将定制部件和成品选用的内容同步加入其中。也有人将此种设计方式称为多专业的关联设计。与传统装饰的区别及常见的节点提示如下。

① 非承重、非界定性的内部隔墙，宜划归内装实施。这是 SI 建筑体系的基本原则，鉴于规范限制，至少在精装项目中有条件实现。这样既可以为空间利用的划分方式留有最大余地，又可以避免因管线分离所造成的有效空间额外占用。

② 建筑设计中入户管线的界面尽可能简洁、明确。这是由于装配式装修工法将为后期维护、改造提供更为便利的条件，也避免由设计造成的后期交叉施工。

③ 接受并合理利用整体墙面、顶面可能存在的拼接缝。这是模块化部品天然存在的（地面的拼接缝已为大众所接受），需要在收口部位以可能存在的造型巧妙处理。

④ 预制部件的容错机制需要留有退让余地。这是适应建筑空间必然的偏差，并检验部品的公差配合能力，以特有部件搭配（特别是不同企业所供应的嵌入式部件）及收口应尽可能选用制造企业推荐的方式。

⑤ 装配式管线是立体化设计的，提高深化深度不但可以降低现场成本，而且可以使后期维护更为简便。

基于装配式装修的三个特征要素，设计和部品选型时应坚持干式工法、坚持管线与结构分离、坚持部品集成定制，并遵循模块化设计及可逆安装设计的理念。

（1）干式工法设计　设计楼地面、墙面找平与饰面连接时，选择架空与自适应调平的支撑与连接构造，面层选用干法拼接的地板、墙板、顶板。彻底代替水泥砂浆找平、腻子找平等基层湿作业，也要取代现场刷涂料、贴壁纸、贴瓷砖的面层湿作业。

（2）管线与结构分离设计　干式工法也为管线与结构分离提供了可能，将相对寿命较短的设备及管线置于长寿命的结构外部，确保建筑主体结构长寿化和可持续发展。管线优先设置在架空地面、架空墙面、吊顶的空腔内，在不增加额外空间的前提下，有利于建筑功能空间的重新划分和设备及管线的维护、改造、更换。

（3）部品集成定制设计　选择对于部件等系统性集成程度高的部品，减少装配部品的种类，减少多个工厂、多个部品之间的相容性差的问题，优选成套供应的部品。按照订单对于非标规格部品定制，禁止装配现场二次裁切，定制的非标部件与标准部件同时编码，同批次加工，避免色差。

（4）模块化设计　厨房、卫生间等固定功能区可以通过墙、顶、地与管线集成在一起形成功能模块，通过模块化设计可减少设计工作量，提高设计工作的效率。

（5）可逆安装设计　可以理解为完全采用物理连接，通过不同形式的固定件将不同部件组合在一起，实现安装与拆卸的互通。例如装配式架空地面系统和集成给水管线系统，在后期维护或更换时，只需更换损坏部件，而不破坏相邻或在之上的其他部件。

（6）一体化设计　在装配式装修的逻辑里，传统的专业概念将变得模糊，更多是由不同使用功能的部品或部品的组合，形成一整套系统，继而组成建筑的不同功能区。例如一面轻质隔墙，里面包含了轻钢龙骨、给水管、电线管、加固板等，在设计时需要考虑部件、管线的路由、距离、位置、连接方式、避让关系等相关信息，只有将这面隔墙视为一个部品，才能够把相关的因素集成在一起，最终得出满足性能指标、达到使用要求的设计结果。

当厨房、卫生间作为标准模块时，建筑设计可根据不同规格、尺寸的模块来选型和组合，并根据模块接口的位置和规格等数据，预留相应的孔洞、接口条件。在装配式建筑中，预制构件生产时可预留相应的孔洞，形成结构设计、建筑设计、内装设计的统一与协调，从而提高整个设计链条的准确性，实现综合成本的降低。

3.1　装配式隔墙部品设计

3.1.1　设计要求

① 根据防火、隔声、防水等性能要求及设备设施安装需求确定装配式隔墙构造及厚度，同时应明确各种龙骨的规格型号。

② 隔墙填充材料宜选用岩棉或玻璃棉类等。

③ 有防水要求的房间隔墙内侧，可采用聚乙烯薄膜防水防潮措施；遇门洞口时，聚乙烯薄膜应连续敷设至隔墙外侧，距外侧洞口边不低于100mm；隔墙根部应设挡水措施，高度不小于250mm。

④ 隔墙上需要固定或吊挂超过15kg物件时，应设置加强板或采取其他可靠的固定措施，并明确固定点位。

⑤ 横向龙骨安装于竖向龙骨两侧，每排间距不大于600mm。

⑥ 当隔墙高度大于3m时，竖向龙骨宽度应不低于100mm，并应设置穿心龙骨进行固

定；隔墙高度不大于 4m 时应居中设置一道穿心龙骨；隔墙高度大于 4m 时设置间距应不大于 2m。

3.1.2 设计要点

设计轻钢龙骨隔墙的前提是已确定室内平面布置，确定了水电点位。常用轻钢龙骨规格见表 3-1。

表 3-1 常用轻钢龙骨尺寸 单位：mm

龙骨	横向轻钢龙骨	竖向轻钢龙骨	天地龙骨
规格	38×10×0.8	50×45×0.6	50×35×0.6
	40×20×1	75×45×0.6	75×35×0.6
		100×45×0.6	100×35×0.6

当作为户内分隔房间的隔墙时，可用竖向轻钢龙骨（50mm×45mm×0.6mm）与横向轻钢龙骨（38mm×10mm×0.8mm）；当作为分户隔墙时，宜选用 100mm×45mm×0.6mm 的竖向轻钢龙骨；当隔墙中需要加电箱时，可以做双排龙骨墙；当卫生间需要做防水底盘时，横向轻钢龙骨规格宜为 40mm×20mm×1mm。

排布轻钢龙骨时，需要考虑的特殊因素为门窗洞口、给水点位、加固板、配电箱、吊柜等。

3.1.2.1 竖向轻钢龙骨

设计时需要确定水电点位后再进行竖向龙骨的排布，竖向轻钢龙骨标准间距不大于 400mm，排布时需避开电箱位置。影响竖向轻钢龙骨排布的特殊因素如下。

① 隔墙中放置电箱时，在电箱的上下分别放置三根竖向轻钢龙骨以及两根天地轻钢龙骨加固，如图 3-1 所示。

② 当轻质隔墙中遇门洞时，门洞两侧需扣放两根竖向轻钢龙骨（图 3-2）。

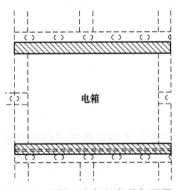

图 3-1 电箱竖向轻钢龙骨加固图

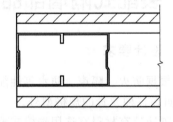

图 3-2 洞口处竖向
轻钢龙骨排布图

门垛在 50～90mm 范围内时，需要一根竖向轻钢龙骨与一根天地龙骨扣放。

③ 当轻质隔墙中有转角、丁字口、十字口时，竖向轻钢龙骨排布如图 3-3 所示。

④ 当轻质隔墙中有出水口时，以出水口为中心往两侧排布竖向轻钢龙骨（图 3-4）。

⑤ 当遇到空调、排油烟机、暖气片时，加固板后设置三根竖向轻钢龙骨，间距相同（图 3-5）。

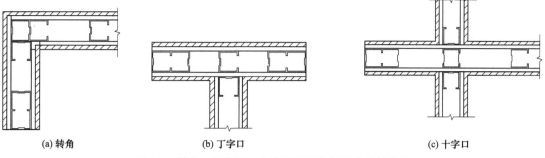

(a) 转角　　　　　　　　　　(b) 丁字口　　　　　　　　　　(c) 十字口

图 3-3　转角、丁字口、十字口处竖向轻钢龙骨排布图

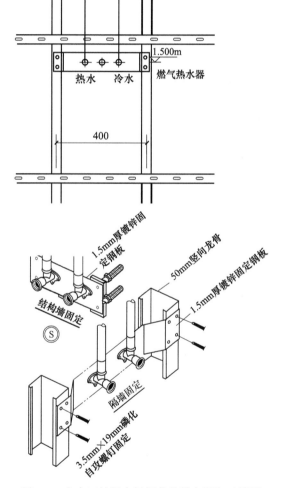

图 3-4　出水口处竖向轻钢龙骨排布图与三维图

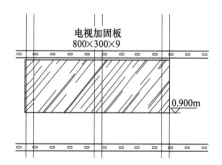

图 3-5　加固板处竖向轻钢龙骨排布图

3.1.2.2　横向轻钢龙骨

横向轻钢龙骨的排布间距不大于 600mm。最上排横向轻钢龙骨中心距离天龙骨上边缘不宜大于 150mm，最下排横向轻钢龙骨中心距离地面完成面不宜大于 150mm，当卫生间隔墙内侧设置挡水设施时，最下排横向轻钢龙骨应在挡水设施之上，以免破坏防水层。影响横向轻钢龙骨排布的特殊因素如下。

① 门洞口上需增加一排横向轻钢龙骨，且超出门洞两侧各 100mm，如遇墙边小于 100mm，则直接截断；窗洞上下各增加一排横向轻钢龙骨，且超出窗两侧各 100mm（图3-6）。

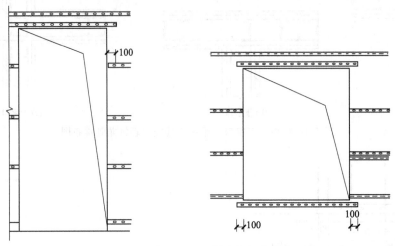

图 3-6　门洞口与窗洞口处横向轻钢龙骨加固图

② 横向轻钢龙骨需避开用水点、加固板、电箱，尽量不切断横向轻钢龙骨，常用水点位高度见表3-2。常用电与开关点位高度见表3-3。

表 3-2　常用水点位高度

给水点位（中心距地面完成面）	标高/mm	给水点位（中心距地面完成面）	标高/mm
洗菜盆出水口	450	淋浴器出水口	1150
燃气热水器出水口	1500	电热水器出水口	1450
马桶中水出水口	200	洗脸盆：墙出水/台盆出水	950/450
洗衣机出水口中心距地	1150		

表 3-3　常用电与开关点位高度

空间区域	常用高度（下沿距地面完成面）
客厅及卧室	普通插座下沿为300mm 电视插座、电视面板、网线面板下沿距地：有电视柜时为300mm；无电视柜时为800mm 床头开关为800mm 空调插座为2000mm 灯开关、温控器、电话为1300mm
卫生间	浴霸开关为1500mm 智能马桶插座为500mm 电热水器插座为2000mm 洗衣机插座为1500mm 吹风机插座为1500mm 镜前灯插座为2000mm
厨房	橱柜上方通用插座为1300mm 冰箱按常规为1500mm；小冰箱300mm 电磁炉：内嵌为550mm；外置式为1300mm 正吸/侧吸：油烟机插座为2000mm

空间区域	常用高度（下沿距地面完成面）
厨房	燃气热水器插座为 2000mm 分集水器面板为 550mm 厨宝为 300mm 净水器为 300mm 碎渣机为 300mm 吊柜灯带甩线为 1650mm

经项目总结与经验积累，固化一组常用的横向轻钢龙骨间距，避开大部分常用电箱与加固板位置。在轻质隔墙高度为 2490mm 以内时，横向轻钢龙骨的排布如图 3-7 所示。

③ 距离吊柜顶板 70mm 处添加一根横向轻钢龙骨，用来固定吊柜角码（图 3-8）。

3.1.2.3　加固板

对于超过 10kg 的电气或采暖设施，需在指定位置设置 9mm 多层板作为加固板，加固板位置优先，尽量不切断横向轻钢龙骨。

常用加固板的尺寸及高度（以加固板下边缘到正负零的距离）按空间不同分类如下。

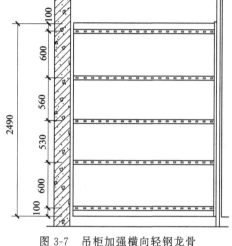

图 3-7　吊柜加强横向轻钢龙骨

（1）客厅

① 电视加固板：800mm×300mm×9mm，高度为 900mm。

② 空调加固板：800mm×400mm×9mm，与空调孔高度相关，尽量不断龙骨。

③ 门顶加固板：480mm×100mm×9mm，高度为 120mm。

④ 窗帘杆加固板：300mm×150mm×9mm 与 300mm×150mm×9mm，高度为上边缘与顶板完成面对齐，断龙骨。

图 3-8　吊柜加强横向轻钢龙骨

（2）厨房

① 分集水器加固板：600mm×400mm×9mm，高度为 220mm。

② 烟机加固板：600mm×350mm×9mm，高度为 1810mm。

③ 燃气热水器加固板（两个）：400mm×150mm×9mm，高度为 1620mm 与 2370mm（图 3-9）。

（3）卫生间

① 电热水器加固板：600mm×300mm×9mm，高度为 1850mm。

② 散热器加固板（两个）：600mm×200mm×9mm，高度为 1290mm 与 1810mm（图 3-10）。

③ 镜箱加固板：镜柜宽×300mm×9mm，镜柜

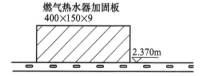

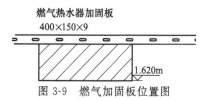

图 3-9　燃气加固板位置图

宽×150mm×9mm，高度为 1250mm 与 1810mm（图 3-11）。

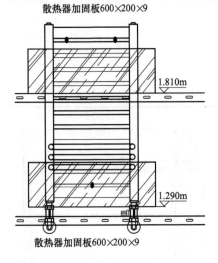

图 3-10　散热器加固板位置图

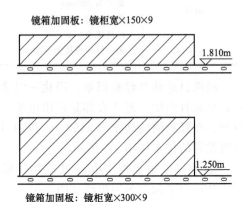

图 3-11　镜箱加固板位置图

3.2　装配式墙面部品设计

墙板与墙板之间的连接是通过工字形铝型材进行无缝密拼。

3.2.1　设计要求

① 装配式墙面的连接构造应与墙体结合牢固，宜在墙体空腔内预留预埋管线、连接构造等所需要的孔洞或埋件。

② 装配式墙面的饰面层应在工厂整体集成。

③ 装配式墙面宜提供小型吊挂物的固定方式。

④ 当墙体为装配式隔墙时，宜与装配式墙面集成。

3.2.2　设计要点

既有墙体的墙面做调平处理时，需用横向轻钢龙骨架空。一般情况下，结构墙面距完成面为 30mm；当结构墙外做管线分离时，结构墙距离完成面为 50mm。

考虑基材的出材率，墙板排布的标准宽度为 900mm，进行墙板宽度设计时，应尽量从门窗洞口两侧、主题墙两侧、入门的进深处开始，将非标板排布于门扇、家具等后方，且非标板不宜小于 200mm。墙板板缝错开水、电点位、门顶及类似点位至少 50mm。

以门、窗、主题墙、背景墙、造型口等特殊位置的两侧左右排布如图 3-12 所示。

当墙板上有窗洞时：窗两侧墙板宽度比结构墙各少 5mm，窗上下墙板宽度比结构洞两侧各多 5mm；窗上下的墙板均分且边缘与结构墙平齐（图 3-13）。

有门洞的墙板：门两侧墙板宽度比结构墙各少 10mm，门上墙板宽度比结构洞两侧各多 10mm，门上板下边缘与结构洞上边缘平齐。当门上板宽度大于 1200mm 时，需均分成为两块板（图 3-14）。

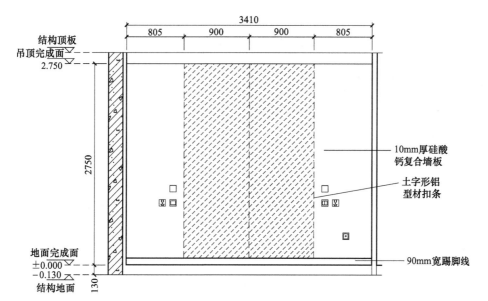

图 3-12 背景墙立面图

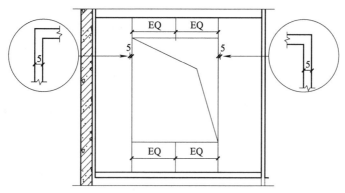

图 3-13 窗洞口处墙板尺寸图

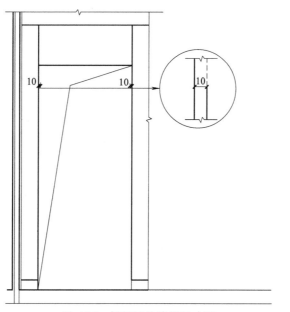

图 3-14 门洞口处墙板尺寸图

在运输条件允许时，墙板最高可以做 3000mm。当室内空间大于 3000mm 时，可以做挂镜线，将墙板沿高度方向拼接，也可以用密拼的方式，无缝拼接。

3.3 装配式吊顶部品设计

3.3.1 设计要求

① 装配式吊顶内宜设置可敷设管线的架空层。

② 房间跨度不大于 1800mm 时，宜采用免吊杆的装配式吊顶。

③ 房间跨度大于 1800mm 时，应采取吊杆或其他加固措施，宜在楼板（梁）内预留预埋所需的孔洞或埋件。

④ 装配式吊顶宜集成灯具、排风扇等设备设施。

⑤ 装配式吊顶应具备检修条件。

3.3.2 设计要点

一般情况下，装配式吊顶应用于厨房与卫生间中。吊顶板在空间区域内短向排布，墙面四周用几字形或 L 形铝型材，吊顶板之间用上字形铝型材连接。

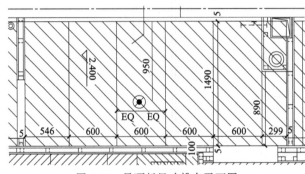

图 3-15　吊顶板尺寸排布平面图

吊顶板标准宽度为 600mm；非标板尺寸不小于标准板宽度的 1/3。吊顶板宽度设计时需注意两个因素。

① 尽量在现场少做切割作业，在非标板和包管道、烟道等凹凸处宜单独排布（图 3-15）。

② 侧吸油烟机的排烟管离吊顶板边缘不小于 75mm，开孔位置尽量在吊顶标准板的中间；正吸油烟机排烟管与烟机规格有关，孔边缘尽量大于 75mm（图 3-16）。

吊顶板与硅酸钙复合墙板的位置关系，有吊顶的墙板需高出吊顶高度 20mm，吊顶与墙板之间需留 5mm 的缝隙（图 3-17）。

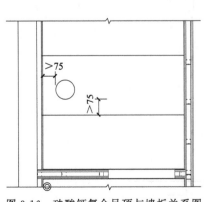

图 3-16　硅酸钙复合吊顶与墙板关系图

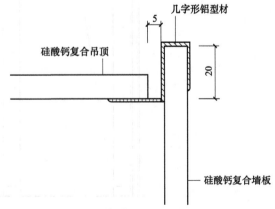

图 3-17　硅酸钙复合吊顶与墙板关系图

3.4 装配式架空地面部品设计

3.4.1 设计要求

① 装配式楼地面承载力应满足使用要求，连接构造应稳定、牢固。放置重物的部位应采取加强措施。

② 装配式楼地面架空层高度应根据管线交叉情况进行计算，并结合管线排布进行综合设计。

③ 装配式楼地面宜设置架空层检修口。

④ 对有采暖需求的空间，宜采用干式工法实施的地面辐射供暖方式；地面辐射供暖宜与装配式楼地面的连接构造集成。

⑤ 有防水要求的楼地面，设置高度不大于 15mm 的挡水门槛或楼地面高差，门槛及门内外高差应以斜面过渡。

⑥ 装配式楼地面应采用平整、耐磨、抗污染、易清洁、耐腐蚀的材料，厨房、卫生间、阳台等楼地面材料还应具有防水、防滑等性能。

3.4.2 设计要点

3.4.2.1 架空模块

架空模块有三种，分别为型钢架空地面模块-20 系列、型钢架空地面模块-30 系列和型钢复合架空模块-40 系列，长度不宜大于 2400mm。设计规则如下。

（1）型钢架空地面模块-20 系列　主要用于有同层排水的卫生间地面及除卫生间之外的过门石处。模块标准宽度为 300mm，有非标准尺寸时，最大宽度不超过 350mm。地脚间距为 300mm。

当热塑复合防水底盘上无饰面层时淋浴区需有下沉，方便淋浴区部位的排水，架空模块需根据下沉区域尺寸单独排布；如非淋浴区域铺设饰面层时，热塑复合防水底盘做平，淋浴区下轻薄模块无需单独排布。

（2）型钢架空地面模块-30 系列　模块内无管线，用于无需采暖的房间。主要是满足免除湿作业施工的一种干式找平模块。模块标准宽度为 400mm，最大宽度不超过 460mm。地脚标准间距为 400mm。

（3）型钢复合架空模块-40 系列　架空空间净高度为 50～100mm，结构面距完成面为 100～150mm。模块标准宽度为 400mm，最大宽度不超过 460mm。地脚标准间距为 400mm。

架空模块设计规则见表 3-4。

表 3-4　架空模块设计规则

架空模块名称	标准板宽度/mm	最大宽度/mm	地脚间距/mm	地脚类型
型钢架空地面模块-20 系列	300	350	300	地暖调整脚螺丝
型钢架空地面模块-30 系列	400	460	400	塑料调整脚（短柱） 塑料调整脚（斜边）
型钢复合架空模块-40 系列	400	460	400	塑料调整脚（短柱） 塑料调整脚（斜边）

架空模块排布设计时应考虑模块之间的缝隙预留，模块长度方向用扣件连接，间距为13mm；短向间距为10mm（图3-18）。

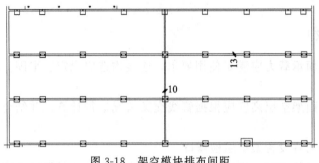

图 3-18　架空模块排布间距

3.4.2.2　地板排布

进行地板尺寸设计时需考虑出材率，地面常用尺寸为 300mm×300mm、600mm×600mm、200mm×1200mm、400mm×1700mm。当运输条件允许时，可以使用 600mm×3000mm 的大板（图3-19）。

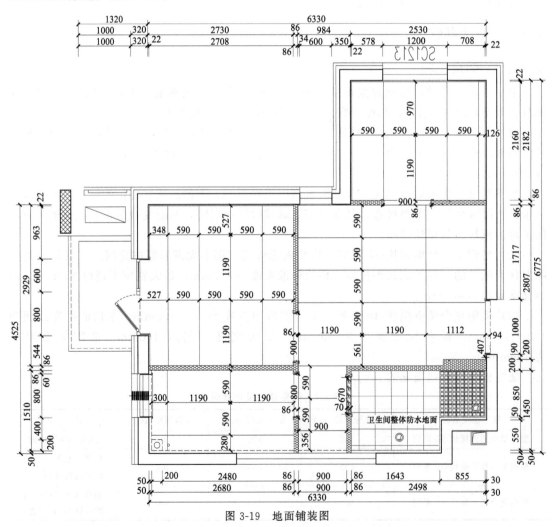

图 3-19　地面铺装图

地面排布时，注意将非标板置于家具、门等不宜显露处；地板排布优先设置造型分区、波打线区域；当饰面为木地板时，长向宜顺光源方向铺设（窗户）。

当有踢脚时（客厅、居室），墙板落在架空地面或找平地面之上，如图 3-20 所示为墙面与地板间关系图。

无踢脚时（厨卫），地面只有防水底盘，地板直接落到防水底盘上（图 3-21）。

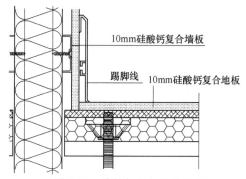

图 3-20　墙板与地板间关系图

无踢脚且有硅酸钙地板时（厨卫），地板与墙板之间的关系如图 3-22 所示。

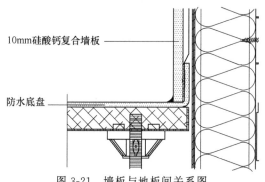

图 3-21　墙板与地板间关系图

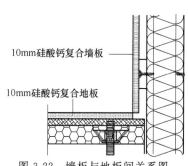

图 3-22　墙板与地板间关系图

3.5　集成门窗部品设计

3.5.1　设计要求

① 门窗框安装应符合设计门扇开启方向，用自攻螺丝与门窗洞口竖向龙骨连接固定，每边固定点不得少于两处。

② 门窗框与墙体间空隙应采用聚氨酯发泡胶填充，安装门挡条。

③ 门扇安装应垂直平整，缝隙应符合设计要求。

④ 推拉门的滑轨应对齐安装并牢固可靠。

⑤ 内门窗五金件应安装齐全牢固。

⑥ 卫生间门应按设计要求安装防水底脚。

3.5.2　设计要点

3.5.2.1　型钢复合窗套与窗台板

门套厚度应结合墙体厚度协同设计，门套厚度应比墙体宽 1～2mm。

窗套厚度应以结构窗洞口测量尺寸为依据，窗套宽度应比窗洞口小 5mm，窗台板两侧应大于窗洞口各 20mm；窗台板宽度应突出墙面 10mm（图 3-23）。

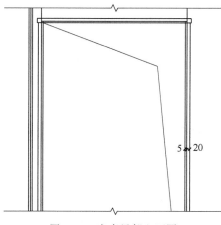

图 3-23　窗套局部立面图

3.5.2.2 铝-硅酸钙复合门扇

门的种类按房间功能不同而进行区分，厨房、卫生间门宜设置钢化玻璃，以区别于居室门。由于卫生间增设换气扇，当进行补风换气时，卫生间内会形成负压，造成地漏反味，所以设计时，将卫生间门扇下留出30mm空隙。

当设计为暗藏推拉门时，应结合暗藏隔墙协同设计（图3-24）。

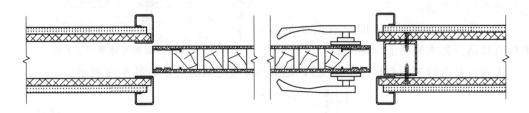

图 3-24　推拉门平面图

3.6　集成卫浴设计

3.6.1　设计要求

① 集成卫生间应采用可靠的防水设计，楼地面宜采用整体防水底盘，门口处应有阻止积水外溢的措施。

② 集成卫生间宜采用干湿分离式设计。

③ 集成卫生间的各类水、电、暖等设备管线应设置在架空层内，并设置检修口。

④ 集成卫生间宜采用同层排水。

⑤ 集成卫生间应进行补风设计。

⑥ 设洗浴设备的集成卫生间应做等电位联结。

3.6.2　设计要点

进行卫生间设计时，需要充分考虑到防水要求对墙板、地板尺寸排布的影响。

3.6.2.1　卫浴墙板

卫生间墙面常用的标准板宽度为600mm，非标板布于门扇、家具等遮挡位置的后方；从门窗洞口两侧、主题墙两侧、入门的进深及视线正前方处，以标准板从近至远排布。墙板尺寸设计时的注意事项如下。

① 淋浴区宜用整板铺贴，避免板缝出现在淋浴区（图3-25）。

② 浴室镜后尽量使用整板，为了美观性，不宜设置板缝。

3.6.2.2　卫浴地板

卫生间标准地板尺寸为300m、600mm，当卫生间满铺地板时，宜从门口开始以标准板向内排布，非标准板宜排布到遮挡区域；淋浴区和非淋浴区需设置挡水条（图3-26）。

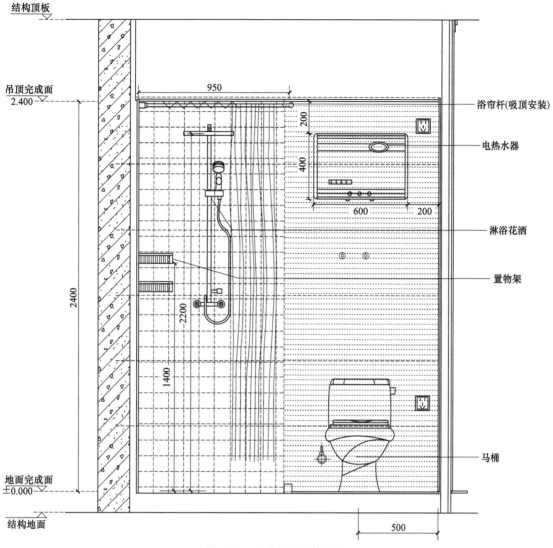

图 3-25　卫生间立面饰面图

3.6.2.3　防水防潮构造

集成卫生间墙面具有三重防水效果：卫生间墙面四周满铺 PE 防水膜；板缝承插工字形铝型材；硅酸钙复合墙板具备防水功能。

卫生间地面防水设施为防水底盘，可定制淋浴区位置，定制整体防水底盘的尺寸（图3-27）。

墙面与地面交接处：PE 防潮膜和整体底盘搭接不小于 40mm。

3.6.2.4　排风构造

排风道属于公共设施，不允许私自改变和废除。应在房间内设置排风扇，排风扇吸顶安装，确定好排风机的位置和条件。排风设备的气管应接在排风道上，在排风道接口处安装"止回风阀"（即单向风门，风门要符合消防规范要求），可以防止通风道异味发生"倒灌"现象。

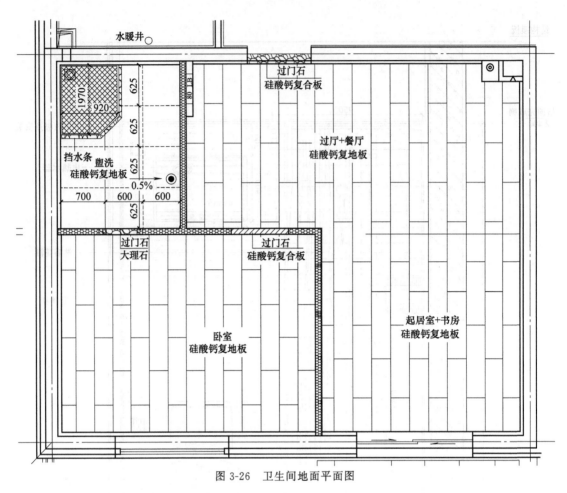

图 3-26　卫生间地面平面图

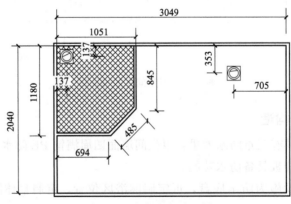

图 3-27　防水底盘平面图

3.7　集成厨房部品设计

3.7.1　设计要求

　　① 集成厨房橱柜应与墙体可靠连接。

② 橱柜宜与装配式墙面集成设计。

③ 集成厨房的各类水、电、暖等设备管线应设置在架空层内，并设置检修口。

④ 当采用油烟水平直排系统时，应在室外排气口设置避风、防雨和防止污染墙面的构件。

3.7.2　设计要点

3.7.2.1　厨房墙板

厨房墙面标准板宽度为 600mm，非标板宽度至少大于标准板宽度的 1/3。设计墙面宽度时，从门窗洞口两侧、主题墙两侧、入门的进深及视线正前方处，从近至远排布。非标板布于门扇、橱柜等有遮挡位置的后方。

3.7.2.2　排烟构造

厨房的油烟机宜设在灶台的上部，油烟机采用正吸式或侧吸式，油烟机一般选用离心风机。厨房的排烟管应避免过长的水平设置，排烟管道暗设在吊顶内。在排烟管和风道的接合处设置防火单向阀，防止通风道内或室外发生"倒灌"现象。厨房的排风竖井最好与排烟道紧靠，以加大油烟机的吸力；如无排风竖井时，可直接排出室外，在出口位置安装风口风帽。

3.7.2.3　柜体与墙面连接构造

设计橱柜时，需充分考虑吊柜位置及标高，在吊柜悬挂角码位置设置一根横向轻钢龙骨，位置距吊柜上沿往下 70mm。安装墙板后，在预留的龙骨位置安装吊柜挂件，将挂件和吊柜内角码锁定（图 3-28）。

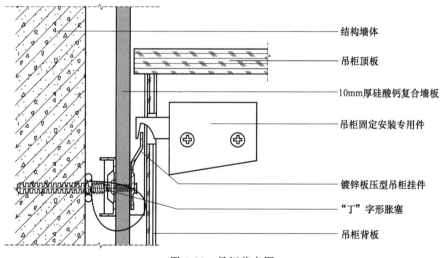

图 3-28　吊柜节点图

3.8　设备与管线系统

3.8.1　设计要求

① 集中管道井宜设置在公共区域，并应设置检修口，尺寸应满足管道检修更换的空间

要求。

② 设备管线应选用耐腐蚀、使用寿命长、降噪性能好、便于安装及维修的管材、管件，以及连接可靠、密封性能好的管道阀门设备。

③ 电线接头宜采用快插式接头。

④ 电气线路及线盒宜敷设在架空层内，面板、线盒及配电箱等宜与内装部品集成设计。

⑤ 强、弱电线路敷设时不应与燃气管线交叉设置；当与给排水管线交叉设置时，应满足电气管线在上的原则。

3.8.2　设计要点

3.8.2.1　集成给水部品

① 给水管道应选用符合国家卫生标准及使用要求的管材。

② 生活热水应采用热水型分水器及热水型管材、管件；生活冷水应采用冷水型分水器及冷水型管材、管件，两者不得混用。各类型管道应采用不同颜色加以区分，且户内与户外管线颜色应保持一致。生活冷水管宜用蓝色，生活热水管宜用橘红色，中水管宜用绿色。

③ 生活给水的户用水表至分水器、分水器至用水器具之间；中水的户用水表至用水器具之间设计为整段管道，中间不宜设置接口，以避免接口处渗漏。

④ 户用水表至分水器之间的给水管道管径宜为 $De25$；分水器至用水器具之间给水管道管径宜为 $De20$；中水管道管径宜为 $De20$。

⑤ 与分水器连接的分支接口采用快插式接头，接口连接应满足严密性试验的相关要求。分水器设置在吊顶内，以便于检修。

⑥ 敷设在架空层内的热水管道应采取相应的保温措施，敷设在架空层内的冷水管道应采取相应的保温防结露措施。

⑦ 与用水器具连接的内丝弯头应采用专用管件底板，以保证管件间距的标准化。

3.8.2.2　薄法同层排水部品

① 排水立管宜集中布置在公共管井内。

② 排水方式宜采用同层排水；同层排水应进行积水排除设计。

③ 排水管道管件应采用 45°转角管件。

④ 在卫生间以外的洗衣机区域宜设置防水底盘，并采用配套排水接口。

3.8.2.3　集成采暖部品

① 有采暖需求的房间，可在既有的型钢架空模块内集成配置采暖管，实现采暖功能，架空模块下也可走水电管线。设计模块时，一个户型内采暖回路不宜超过五路，尽量保证每个回路之间的长度接近（单路最长不得超过 120m）；同一采暖回路中，型钢复合地暖模块的排布需保证采暖管能串联衔接。

② 从户用计量表至分集水器之间供暖主管道管径宜为 $De25$；每单独一路加热管道管径宜为 $De16$。

③ 卫生间供暖宜采用壁挂式散热器，应设计为单独一路，并应设置自力式恒温阀。

某项目全套装配式装修设计图（含施工图和节点图）如图 3-29～图 3-71 所示。

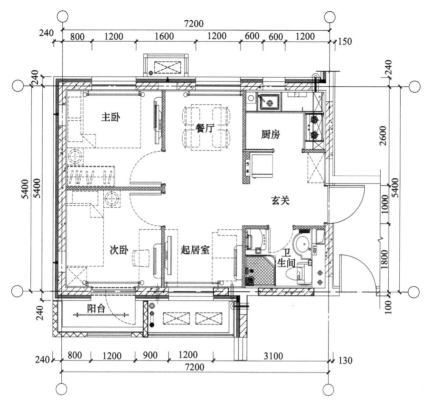

图 3-29　A 户型平面布置图（1∶30）

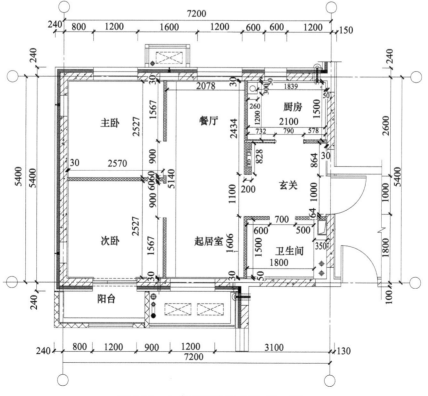

图 3-30　A 户型隔墙尺寸图（1∶30）

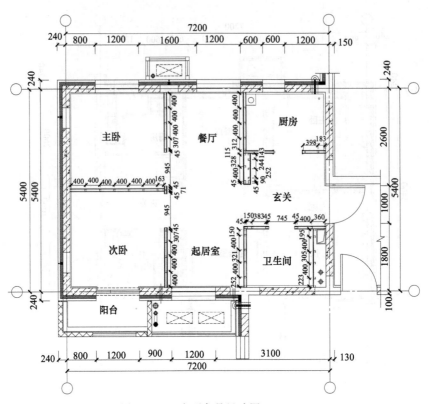

图 3-31 A 户型龙骨尺寸图（1∶30）

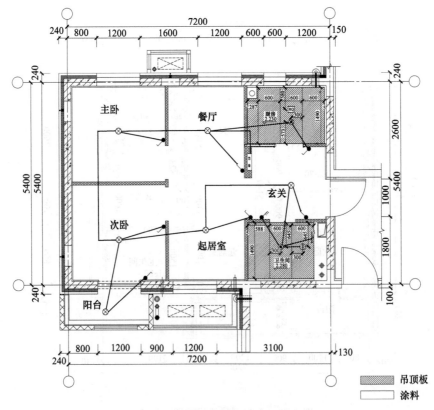

图 3-32 A 户型天花综合布置图（1∶30）

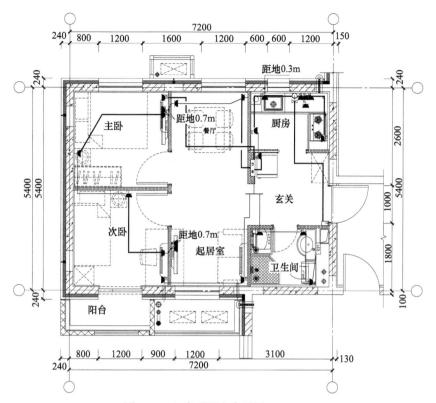

图 3-33　A 户型强电布置图（1∶30）

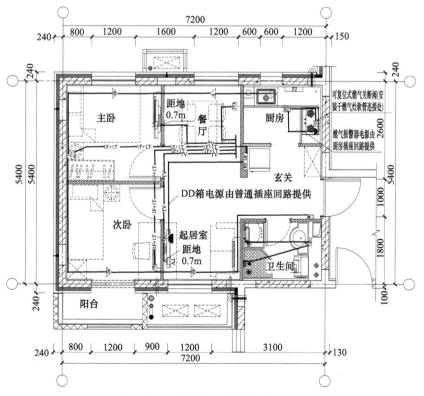

图 3-34　A 户型弱电布置图（1∶30）

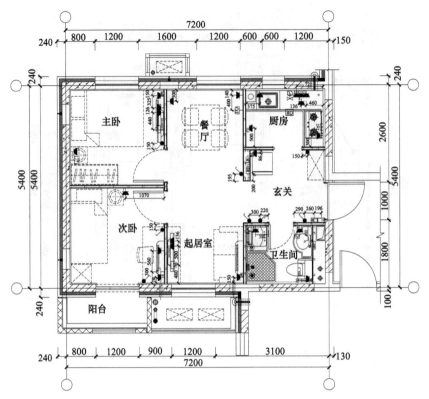

图 3-35　A户型综合点位定位图（1∶30）

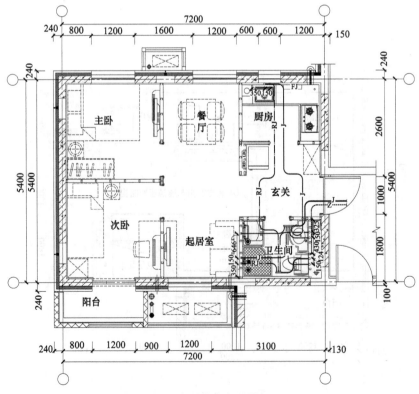

图 3-36　A户型给水布置图（1∶30）

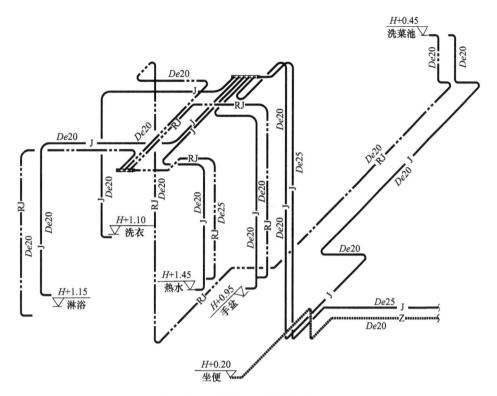

图 3-37　A 户型给水系统图（1∶30）

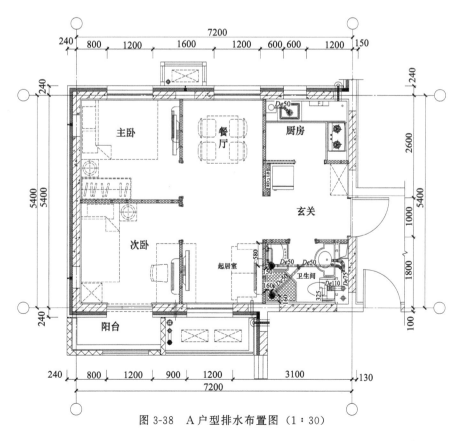

图 3-38　A 户型排水布置图（1∶30）

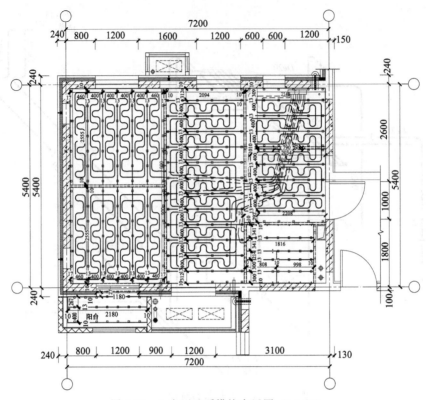

图 3-39　A 户型地暖模块布置图（1∶30）

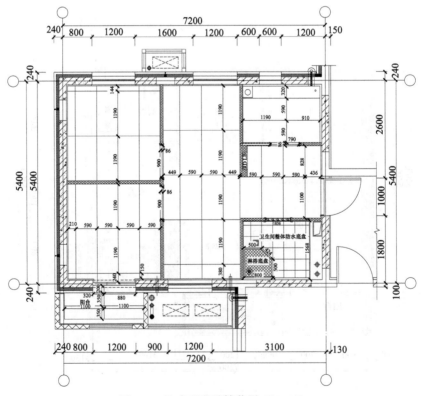

图 3-40　A 户型地面铺装图（1∶30）

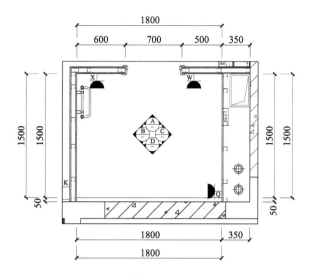

(a) 卫生间平面龙骨及电气

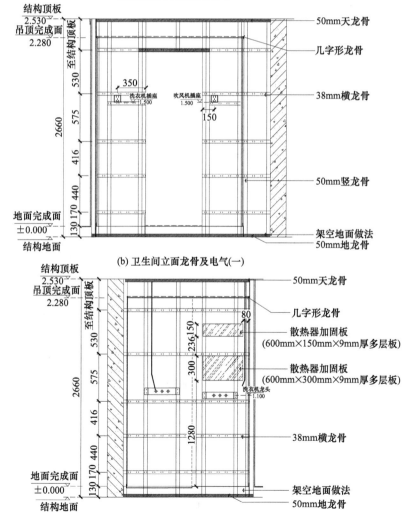

(b) 卫生间立面龙骨及电气(一)

(c) 卫生间立面龙骨及电气(二)

图 3-41

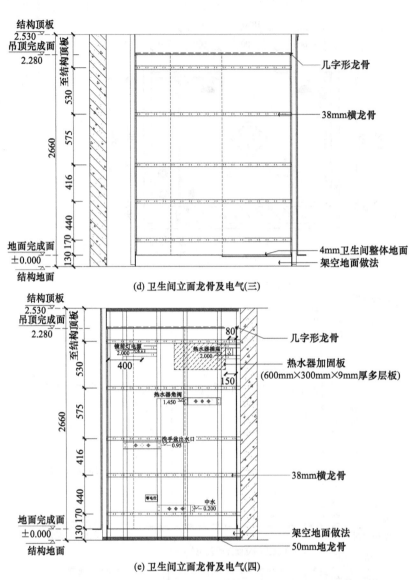

图 3-41 A户型卫生间墙面龙骨排布图 （1：25）

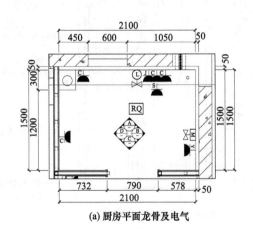

(a) 厨房平面龙骨及电气

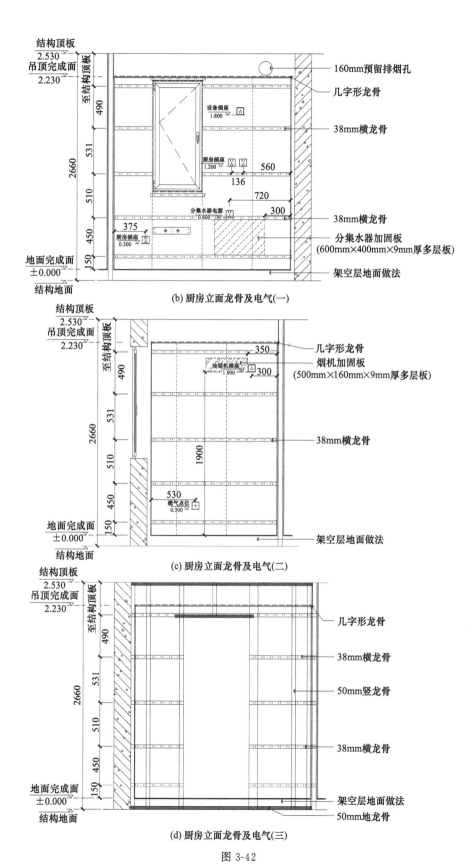

結構頂板
2.530
吊頂完成面
2.230

至結構頂板 490
531
2660 510
450
150

地面完成面
±0.000
結構地面

設備插座 1.800

廚房插座 1.200

560
136
720

分集水器電源 0.600
300

廚房插座 0.300
375

160mm預留排煙孔

几字形龍骨

38mm橫龍骨

38mm橫龍骨

分集水器加固板
(600mm×400mm×9mm厚多層板)

架空層地面做法

(b) 廚房立面龍骨及電氣(一)

結構頂板
2.530
吊頂完成面
2.230

至結構頂板 490
531
2660 510
450
150

地面完成面
±0.000
結構地面

350

油煙機插座 1.900
300

1900

燃氣點位 0.300
530

几字形龍骨

煙機加固板
(500mm×160mm×9mm厚多層板)

38mm橫龍骨

架空層地面做法

(c) 廚房立面龍骨及電氣(二)

結構頂板
2.530
吊頂完成面
2.230

至結構頂板 490
531
2660 510
450
150

地面完成面
±0.000
結構地面

几字形龍骨

38mm橫龍骨

50mm豎龍骨

38mm橫龍骨

架空層地面做法

50mm地龍骨

(d) 廚房立面龍骨及電氣(三)

圖 3-42

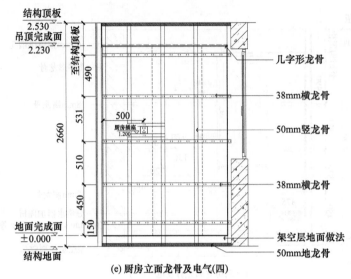

(e) 厨房立面龙骨及电气(四)

图 3-42　A 户型厨房墙面龙骨排布图（1：25）

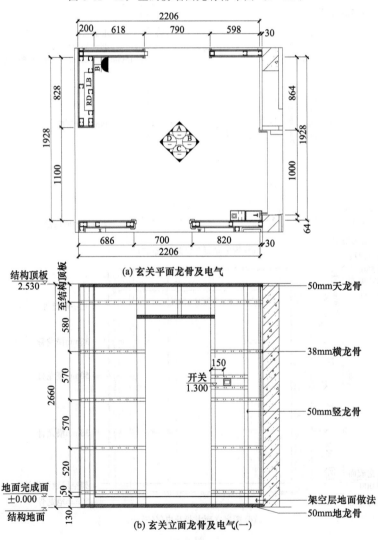

(a) 玄关平面龙骨及电气

(b) 玄关立面龙骨及电气(一)

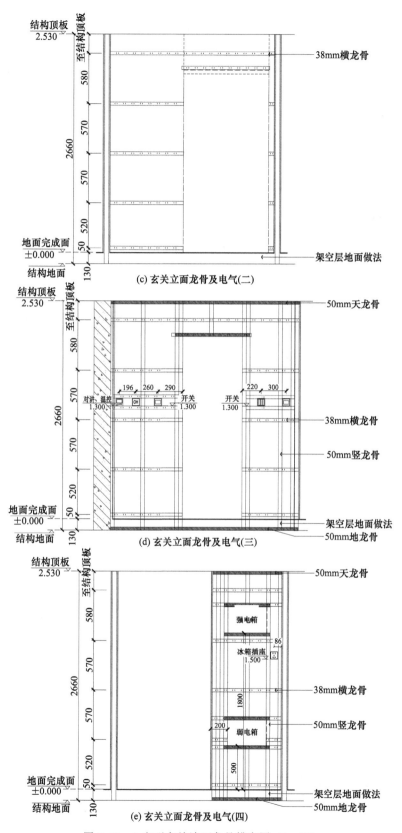

（c）玄关立面龙骨及电气（二）

（d）玄关立面龙骨及电气（三）

（e）玄关立面龙骨及电气（四）

图 3-43　A 户型玄关墙面龙骨排布图（1∶25）

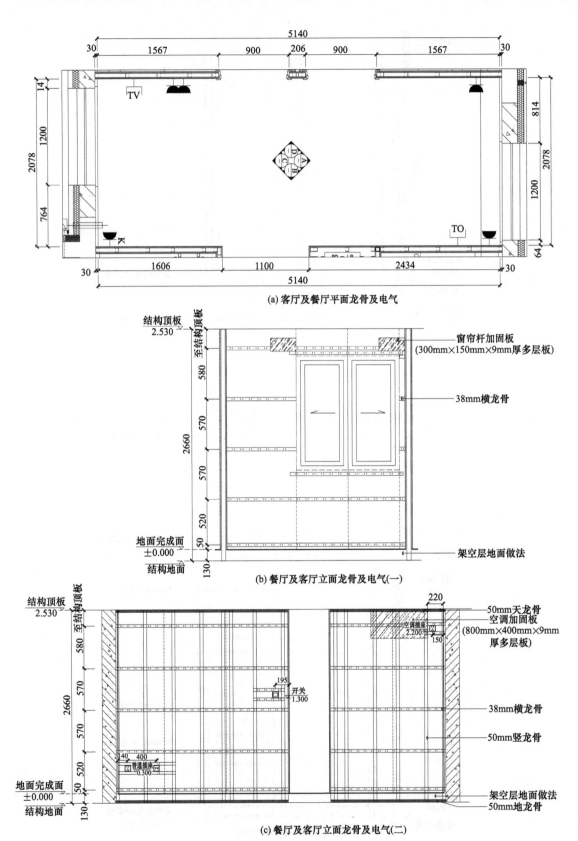

(a) 客厅及餐厅平面龙骨及电气

(b) 餐厅及客厅立面龙骨及电气(一)

(c) 餐厅及客厅立面龙骨及电气(二)

图 3-44　A户型客厅及餐厅墙面龙骨排布图（一）（1∶25）

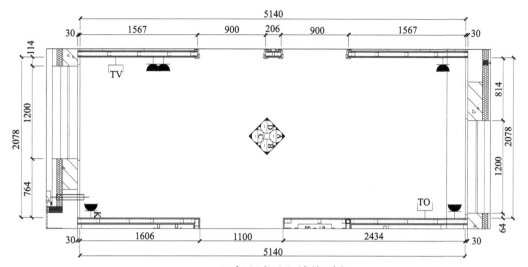

(a) 客厅及餐厅平面龙骨及电气

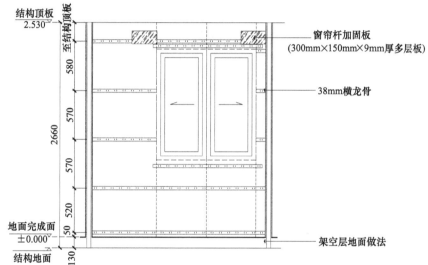

结构顶板
2.530

至结构顶板

窗帘杆加固板
(300mm×150mm×9mm厚多层板)

38mm横龙骨

地面完成面
±0.000

架空层地面做法

结构地面

(b) 餐厅及客厅立面龙骨及电气(一)

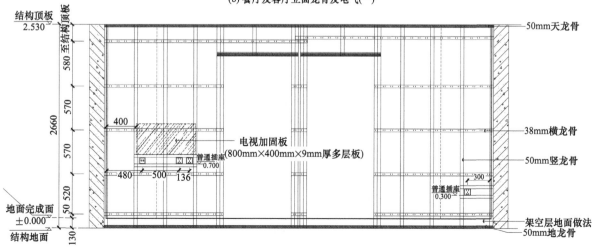

结构顶板
2.530

50mm天龙骨

至结构顶板

电视加固板
(800mm×400mm×9mm厚多层板)

普通插座
0.700

38mm横龙骨

50mm竖龙骨

普通插座
0.300

地面完成面
±0.000

架空层地面做法

结构地面

50mm地龙骨

(c) 餐厅及客厅立面龙骨及电气(二)

图 3-45　A户型客厅及餐厅墙面龙骨排布图（二）（1：25）

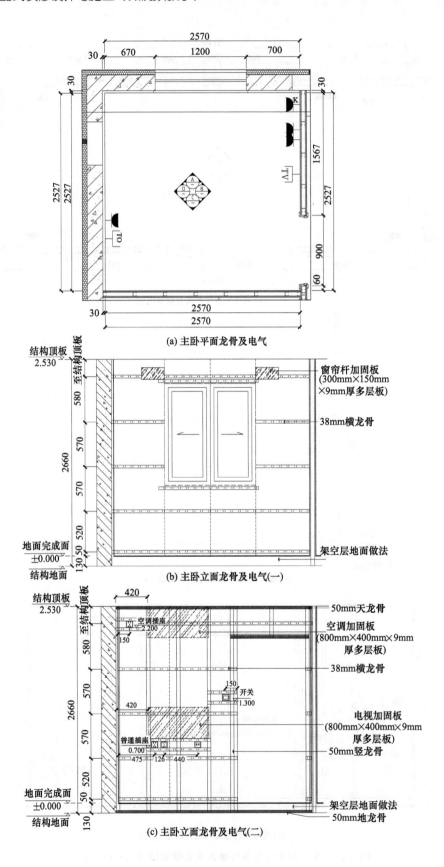

(a) 主卧平面龙骨及电气

(b) 主卧立面龙骨及电气(一)

(c) 主卧立面龙骨及电气(二)

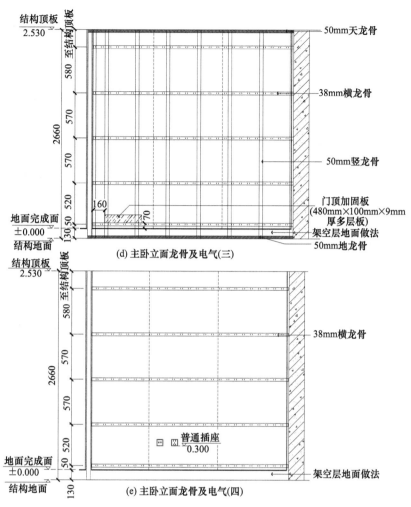

(d) 主卧立面龙骨及电气(三)

(e) 主卧立面龙骨及电气(四)

图 3-46 A户型主卧墙面龙骨排布图 (1∶25)

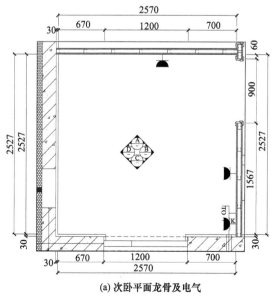

(a) 次卧平面龙骨及电气

图 3-47

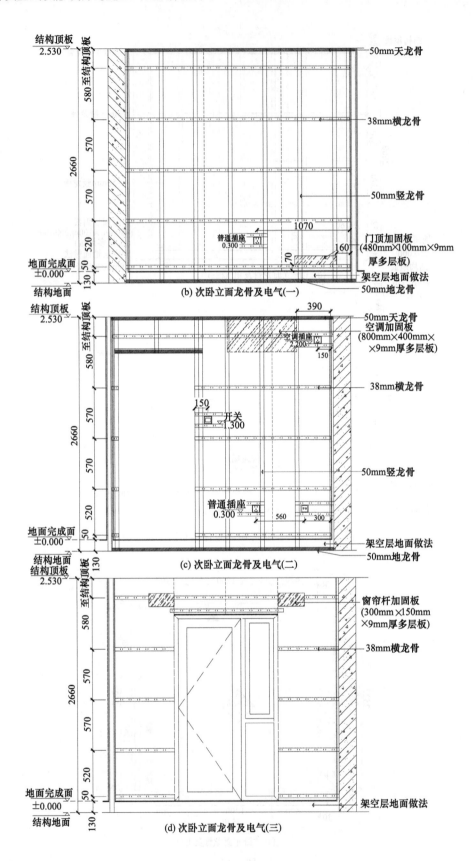

(b) 次卧立面龙骨及电气(一)

(c) 次卧立面龙骨及电气(二)

(d) 次卧立面龙骨及电气(三)

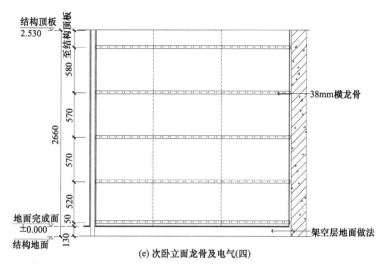

结构顶板顶板
2.530

580
至结构顶板

38mm横龙骨

570

2660

570

520

130
地面完成面
±0.000
50
结构地面

架空层地面做法

(e) 次卧立面龙骨及电气(四)

图 3-47　A 户型次卧墙面龙骨排布图 （1∶25）

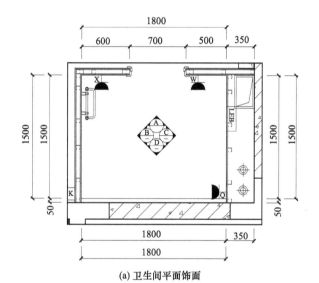

(a) 卫生间平面饰面

结构顶板
2.530
饰面板
吊顶完成面
2.280
2.300

190

50mm厚UV包覆吊顶板

50mm宽生态门套

2280

10mm厚UV钛晶包覆板

4mm厚卫生间整体防水底盘

地面完成面
±0.000
架空层地面做法
结构地面

(b) 卫生间立面饰面(一)

图 3-48

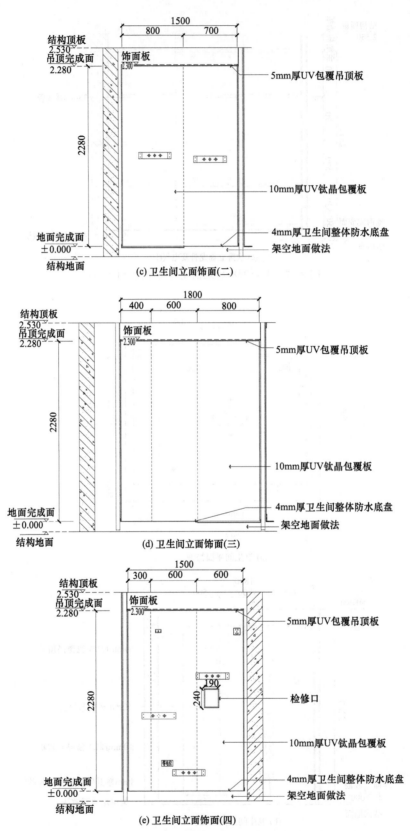

图 3-48 A 户型卫生间墙面涂装板排版图 （1：25）

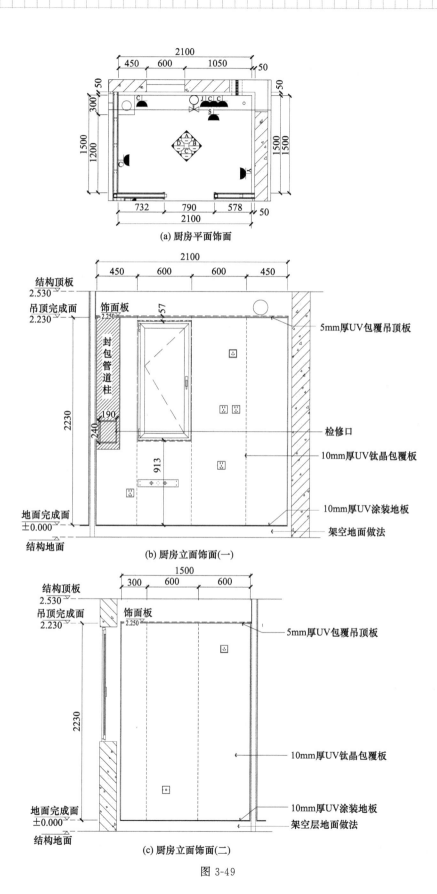

(a) 厨房平面饰面

(b) 厨房立面饰面(一)

结构顶板
2.530
吊顶完成面
2.230
饰面板
封包管道柱
2230
地面完成面
±0.000
结构地面

5mm厚UV包覆吊顶板
检修口
10mm厚UV钛晶包覆板
10mm厚UV涂装地板
架空地面做法

(c) 厨房立面饰面(二)

结构顶板
2.530
吊顶完成面
2.230
饰面板
2230
地面完成面
±0.000
结构地面

5mm厚UV包覆吊顶板
10mm厚UV钛晶包覆板
10mm厚UV涂装地板
架空层地面做法

图 3-49

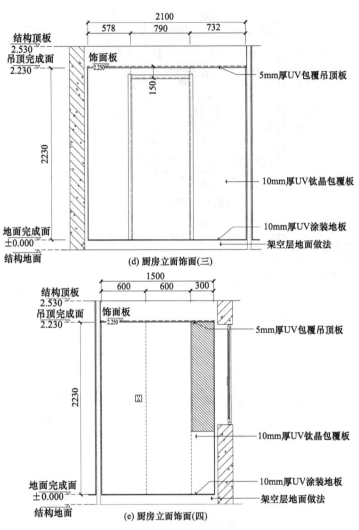

图 3-49　A 户型厨房墙面涂装板排版图（1∶25）

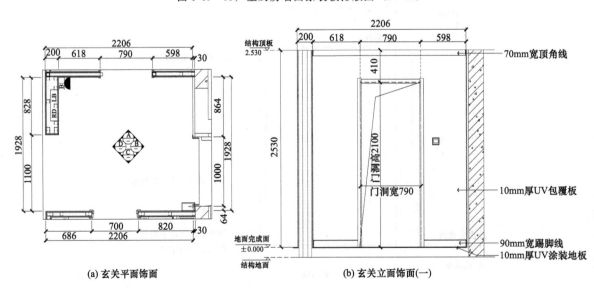

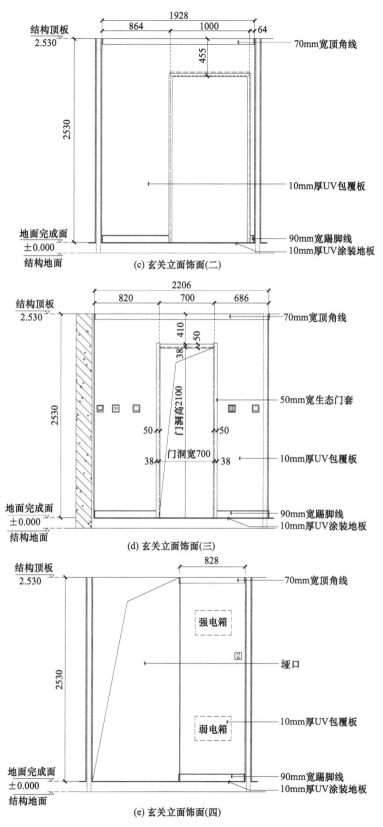

图 3-50　A 户型玄关墙面涂装板排版图（1∶25）

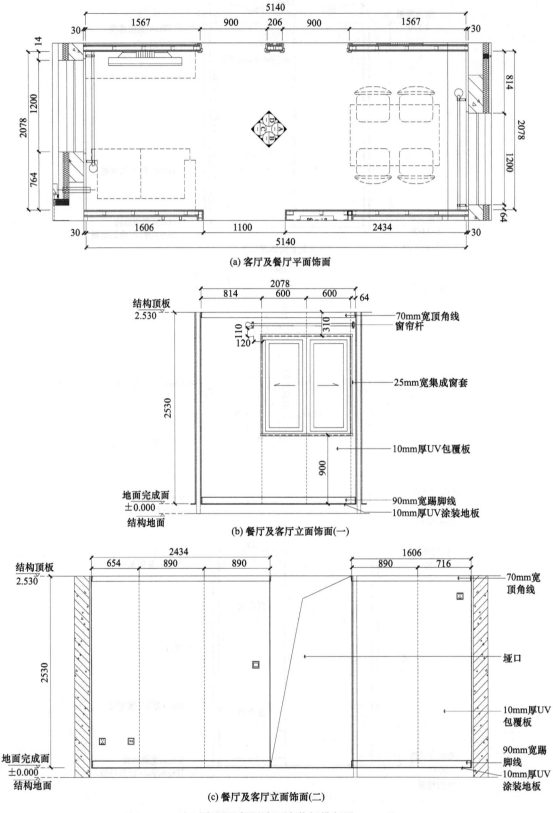

(a) 客厅及餐厅平面饰面

(b) 餐厅及客厅立面饰面(一)

(c) 餐厅及客厅立面饰面(二)

图 3-51　A户型客厅及餐厅墙面涂装板排版图（一）（1：25）

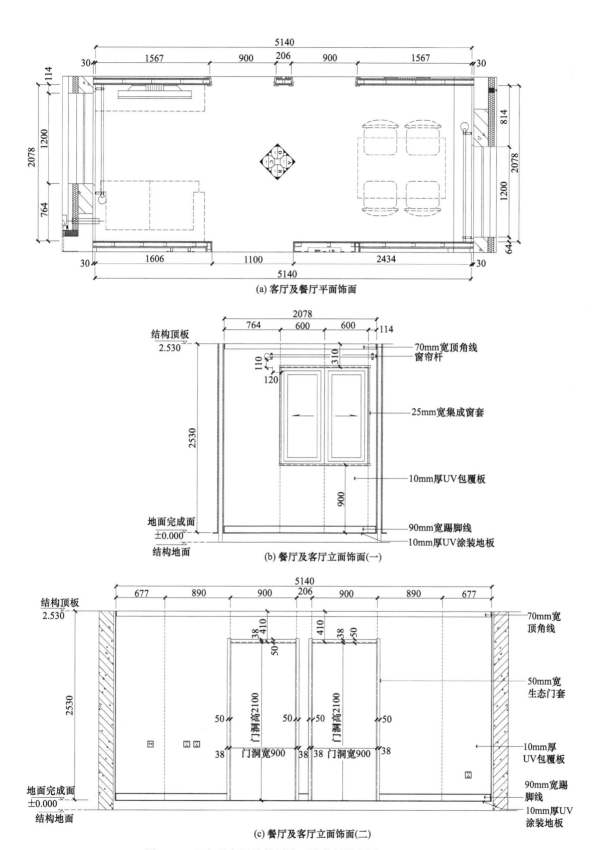

(a) 客厅及餐厅平面饰面

(b) 餐厅及客厅立面饰面(一)

(c) 餐厅及客厅立面饰面(二)

图 3-52 A 户型客厅及餐厅墙面涂装板排版图（二）（1：25）

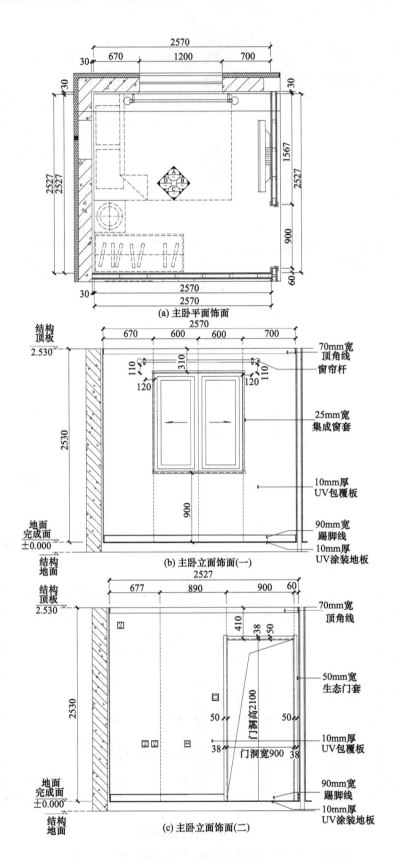

(a) 主卧平面饰面

(b) 主卧立面饰面(一)

(c) 主卧立面饰面(二)

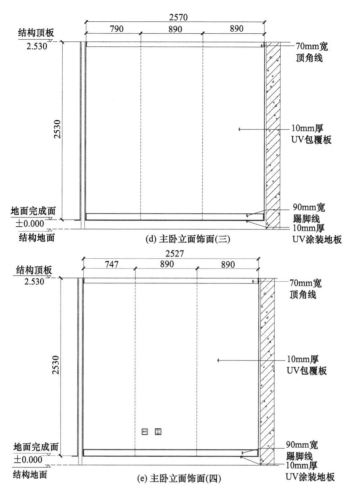

图 3-53　A 户型主卧墙面涂装板排版图（1∶25）

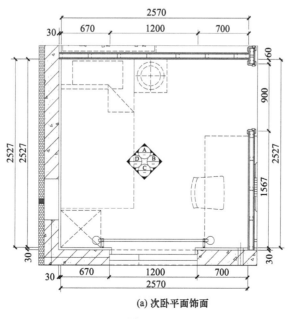

(a) 次卧平面饰面

图 3-54

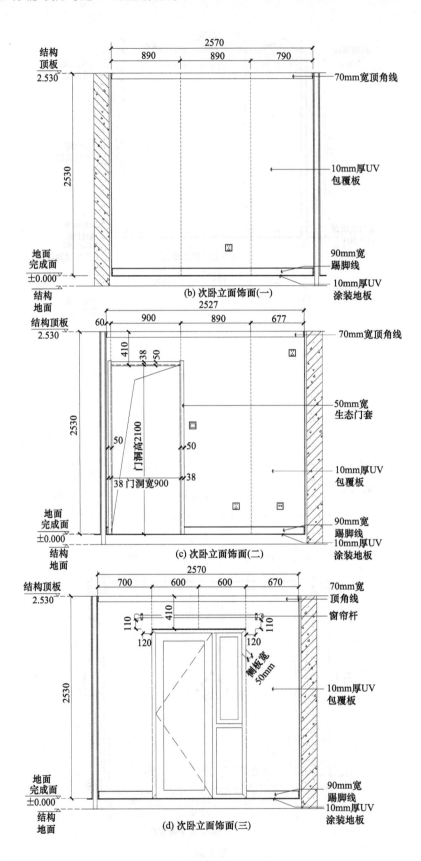

(b) 次卧立面饰面(一)

(c) 次卧立面饰面(二)

(d) 次卧立面饰面(三)

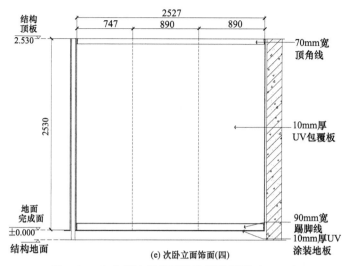

图 3-54　A 户型次卧墙面涂装板排版图 （1：25）

(e) 次卧立面饰面(四)

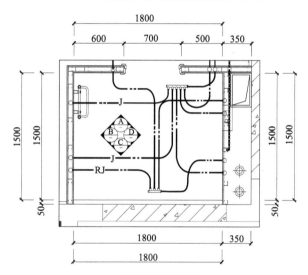

(a) 卫生间平面给水

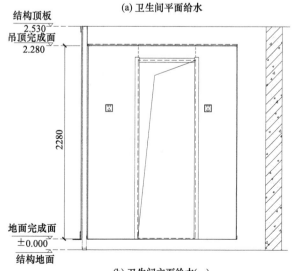

(b) 卫生间立面给水(一)

图 3-55

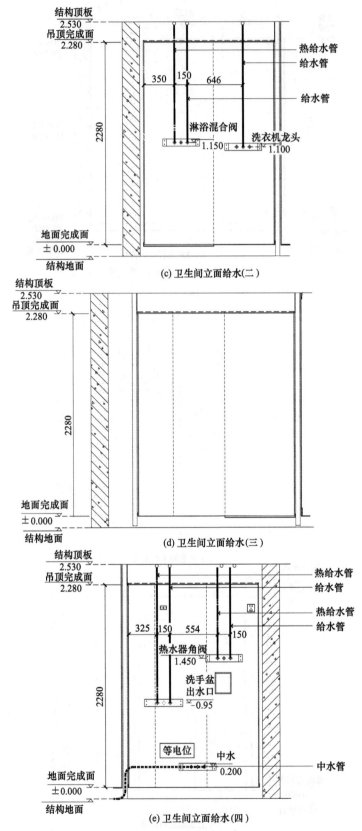

结构顶板
2.530
吊顶完成面
2.280

热给水管
给水管

350 150 646

给水管

淋浴混合阀   洗衣机龙头
1.150   1.100

2280

地面完成面
± 0.000

结构地面

(c) 卫生间立面给水(二）

结构顶板
2.530
吊顶完成面
2.280

2280

地面完成面
± 0.000

结构地面

(d) 卫生间立面给水(三）

结构顶板
2.530
吊顶完成面
2.280

热给水管
给水管

热给水管
给水管

325 150 554

150

热水器角阀
1.450

洗手盆
出水口
−0.95

2280

等电位   中水
0.200

中水管

地面完成面
± 0.000

结构地面

(e) 卫生间立面给水(四）

图 3-55   A 户型卫生间给水立面图（1∶25）

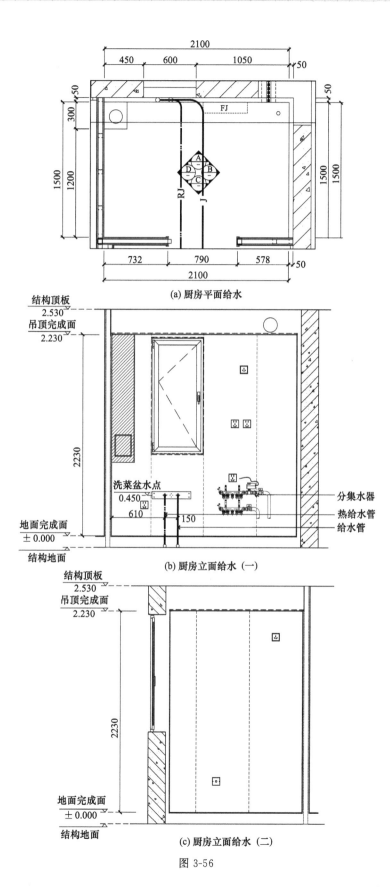

(a) 厨房平面给水

洗菜盆水点

分集水器
热给水管
给水管

(b) 厨房立面给水（一）

(c) 厨房立面给水（二）

图 3-56

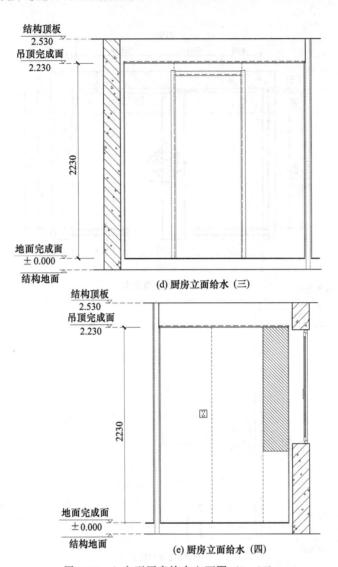

(d) 厨房立面给水（三）

(e) 厨房立面给水（四）

图 3-56　A 户型厨房给水立面图（1∶25）

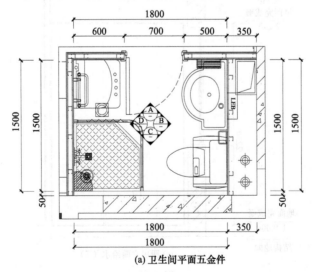

(a) 卫生间平面五金件

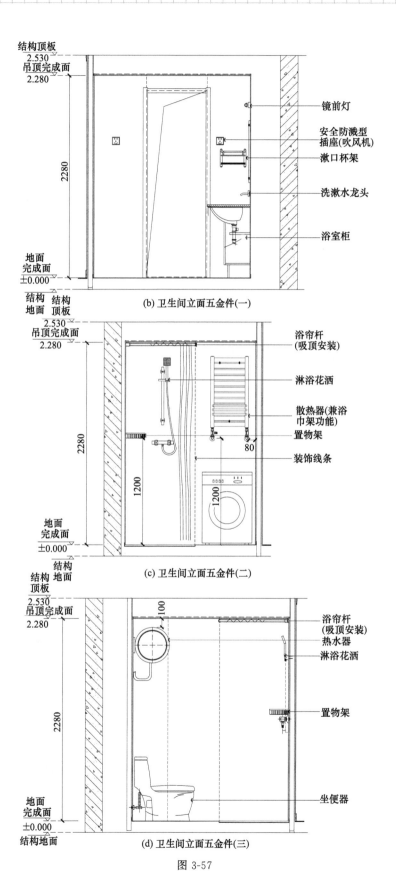

结构顶板
2.530
吊顶完成面
2.280

2280

地面
完成面
±0.000

结构　结构
地面　顶板

镜前灯

安全防溅型
插座(吹风机)

漱口杯架

洗漱水龙头

浴室柜

(b) 卫生间立面五金件(一)

2.530
吊顶完成面
2.280

2280

1200

1200

80

地面
完成面
±0.000

结构　结构
顶板　地面

浴帘杆
(吸顶安装)

淋浴花洒

散热器(兼浴
巾架功能)

置物架

装饰线条

(c) 卫生间立面五金件(二)

2.530
吊顶完成面
2.280

100

2280

浴帘杆
(吸顶安装)

热水器

淋浴花洒

置物架

坐便器

地面
完成面
±0.000

结构地面

(d) 卫生间立面五金件(三)

图 3-57

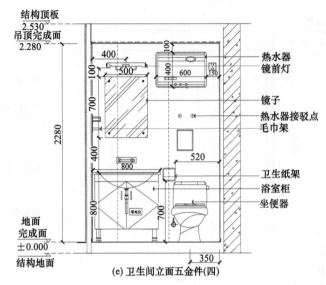

(e) 卫生间立面五金件(四)

图 3-57　A户型卫生间五金安装图 （1：25）

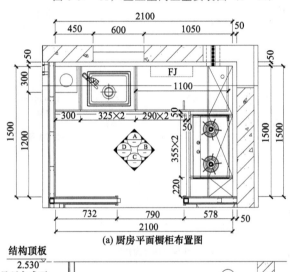

(a) 厨房平面橱柜布置图

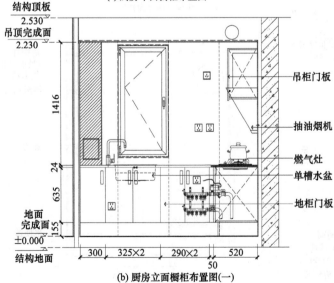

(b) 厨房立面橱柜布置图(一)

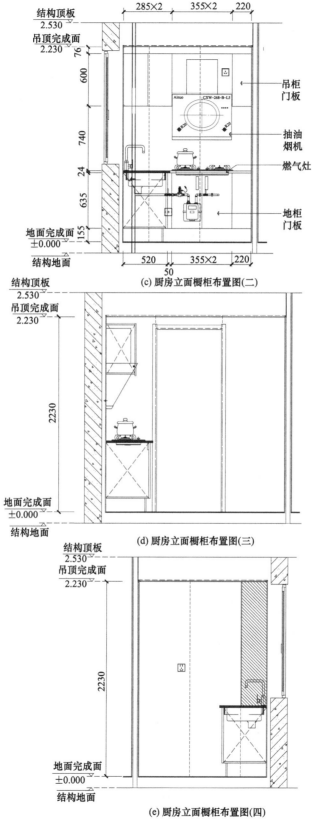

285×2　355×2　220

结构顶板
2.530

吊顶完成面
2.230

76

600

740

24

635

155

地面完成面
±0.000

结构地面

520　355×2　220

50

吊柜
门板

抽油
烟机

燃气灶

地柜
门板

(c) 厨房立面橱柜布置图(二)

结构顶板
2.530

吊顶完成面
2.230

2230

地面完成面
±0.000

结构地面

(d) 厨房立面橱柜布置图(三)

结构顶板
2.530

吊顶完成面
2.230

2230

地面完成面
±0.000

结构地面

(e) 厨房立面橱柜布置图(四)

图 3-58　A 户型橱柜布置图 （1：25）

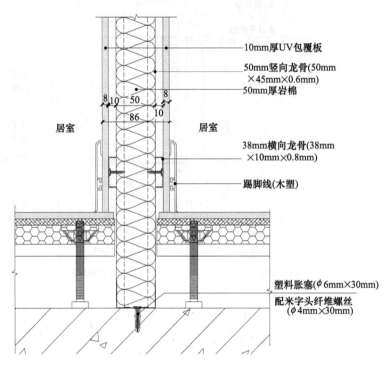

10mm厚UV包覆板

50mm竖向龙骨(50mm×45mm×0.6mm)

50mm厚岩棉

居室 居室

38mm横向龙骨(38mm×10mm×0.8mm)

踢脚线(木塑)

塑料胀塞(φ6mm×30mm)

配米字头纤维螺丝(φ4mm×30mm)

Ⓐ 居室临居室轻质隔墙节点图

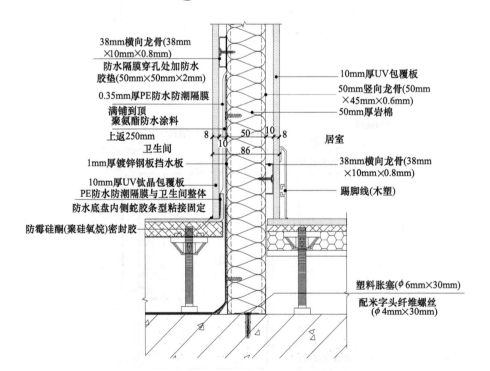

38mm横向龙骨(38mm×10mm×0.8mm)

防水隔膜穿孔处加防水胶垫(50mm×50mm×2mm)

0.35mm厚PE防水防潮隔膜

满铺到顶聚氨酯防水涂料

上返250mm

卫生间

1mm厚镀锌钢板挡水板

10mm厚UV钛晶包覆板

PE防水防潮隔膜与卫生间整体防水底盘内侧蛇胶条型粘接固定

防霉硅酮(聚硅氧烷)密封胶

10mm厚UV包覆板

50mm竖向龙骨(50mm×45mm×0.6mm)

50mm厚岩棉

居室

38mm横向龙骨(38mm×10mm×0.8mm)

踢脚线(木塑)

塑料胀塞(φ6mm×30mm)

配米字头纤维螺丝(φ4mm×30mm)

Ⓑ 居室临卫生间轻质隔墙节点图

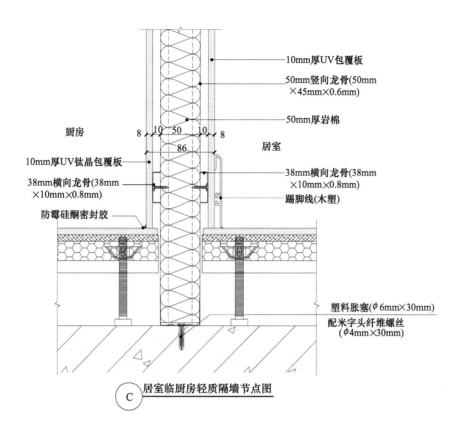

厨房

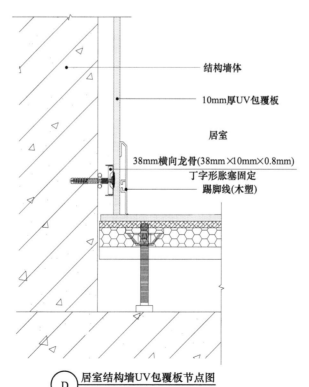

10mm厚UV包覆板

50mm竖向龙骨(50mm
×45mm×0.6mm)

50mm厚岩棉

居室

10mm厚UV钛晶包覆板

38mm横向龙骨(38mm
×10mm×0.8mm)

防霉硅酮密封胶

38mm横向龙骨(38mm
×10mm×0.8mm)

踢脚线(木塑)

塑料胀塞(ϕ6mm×30mm)
配米字头纤维螺丝
(ϕ4mm×30mm)

8 10 50 10 8

86

Ⓒ 居室临厨房轻质隔墙节点图

结构墙体

10mm厚UV包覆板

居室

38mm横向龙骨(38mm×10mm×0.8mm)

丁字形胀塞固定

踢脚线(木塑)

Ⓓ 居室结构墙UV包覆板节点图

图 3-59 节点图一（1∶3）

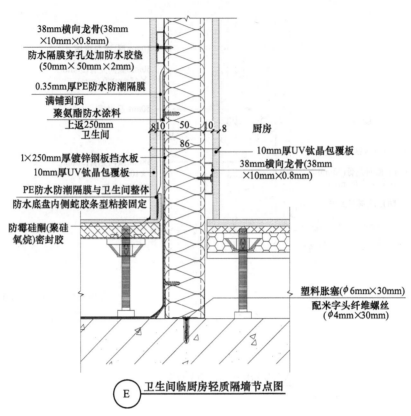

38mm横向龙骨(38mm
×10mm×0.8mm)
防水隔膜穿孔处加防水胶垫
(50mm×50mm×2mm)
0.35mm厚PE防水防潮隔膜
满铺到顶
聚氨酯防水涂料
上返250mm
卫生间
1×250mm厚镀锌钢板挡水板
10mm厚UV钛晶包覆板
PE防水防潮隔膜与卫生间整体
防水底盘内侧蛇胶条型粘接固定
防霉硅酮(聚硅
氧烷)密封胶

8 10   50   10   8   厨房
86
10mm厚UV钛晶包覆板
38mm横向龙骨(38mm
×10mm×0.8mm)

塑料胀塞(φ6mm×30mm)
配米字头纤维螺丝
(φ4mm×30mm)

E 卫生间临厨房轻质隔墙节点图

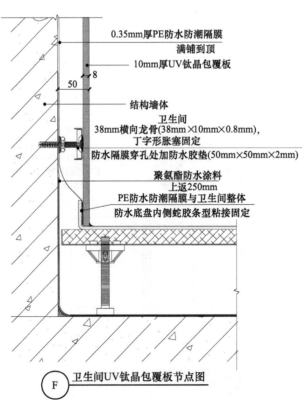

0.35mm厚PE防水防潮隔膜
满铺到顶
10mm厚UV钛晶包覆板

50   8

结构墙体
卫生间
38mm横向龙骨(38mm×10mm×0.8mm),
丁字形胀塞固定
防水隔膜穿孔处加防水胶垫(50mm×50mm×2mm)
聚氨酯防水涂料
上返250mm
PE防水防潮隔膜与卫生间整体
防水底盘内侧蛇胶条型粘接固定

F 卫生间UV钛晶包覆板节点图

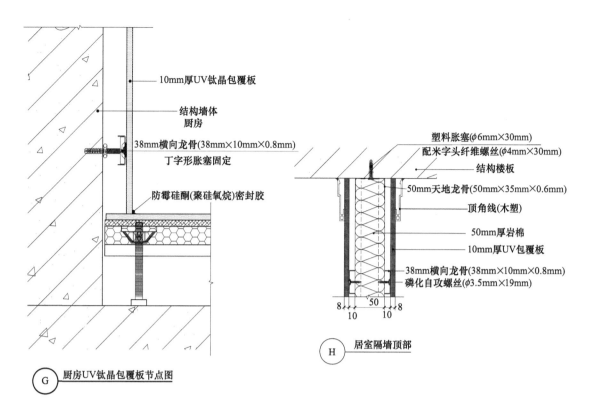

図 3-60　节点二（1:3）

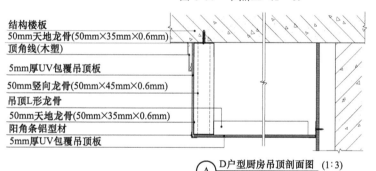

图 3-61　节点图三

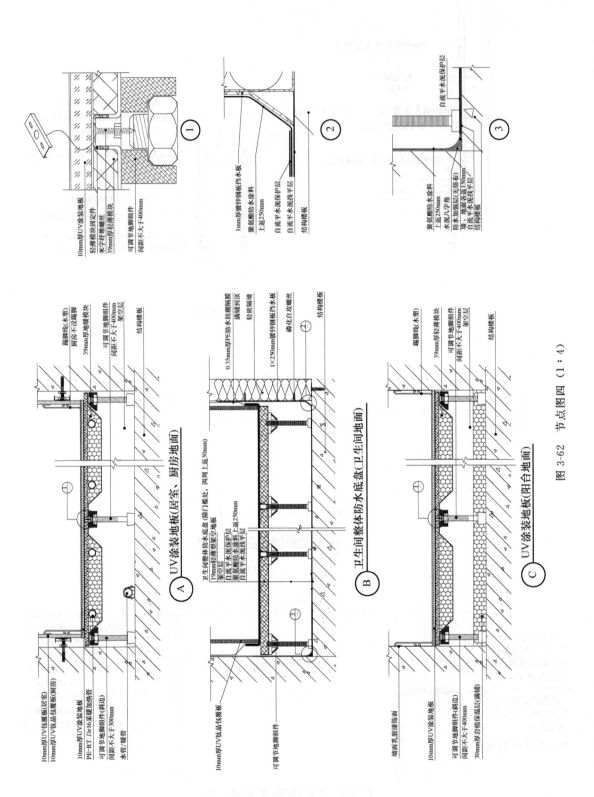

图 3-62　节点图四（1：4）

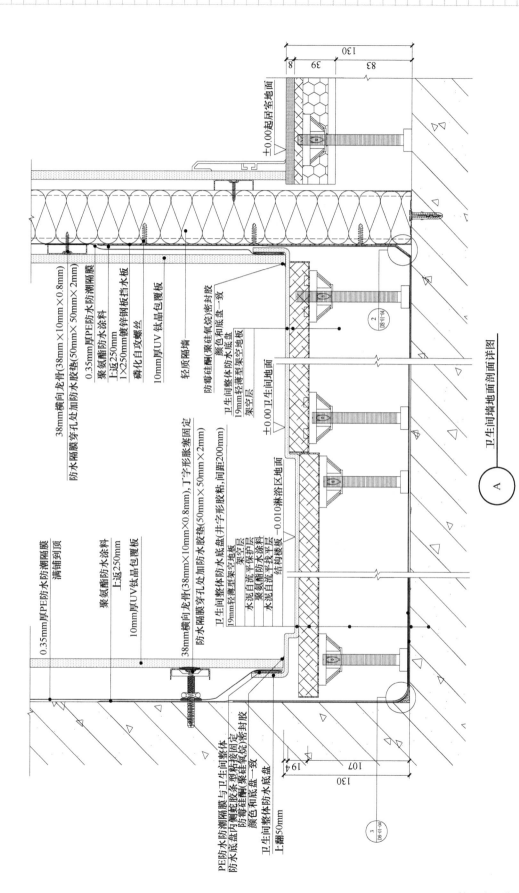

图 3-63 节点图五

卫生间墙地面剖面详图

节点图五（1：2）

38mm横向龙骨(38mm×10mm×0.8mm)
防水隔膜穿孔处加防水胶料
0.35mm厚PE防水防潮隔膜
聚氨酯防水涂料
上返250mm
1×250mm镀锌钢板挡水板
磷化自攻螺丝
10mm厚UV钛晶包覆板

轻质隔墙

防霉硅酮(聚硅氧烷密封胶
颜色和底盘一致)
卫生间整体防水底盘
19mm轻薄型架空地板
架空层
±0.00卫生间地面

0.35mm厚PE防水防潮隔膜
满铺到顶

聚氨酯防水涂料
上返250mm

10mm厚UV钛晶包覆板

38mm横向龙骨(38mm×10mm×0.8mm)，丁字形膨胀螺塞固定
防水隔膜穿孔处加防水胶垫(50mm×50mm×2mm)

卫生间整体防水底盘(井字形胶粘,间距200mm)
架空层
19mm轻薄型架空地板
水泥自流平保护层
聚氨酯防水涂料
水泥自流平找平层
结构楼板
-0.010淋浴区地面

PE防水防潮隔膜与卫生间整体
防水底盘内侧多型料接固定
防霉硅酮(聚硅氧烷密封胶
颜色和底盘一致)
卫生间整体防水底盘
上翻50mm

±0.00起居室地面

130
8 39
83

130
107
19 4

A

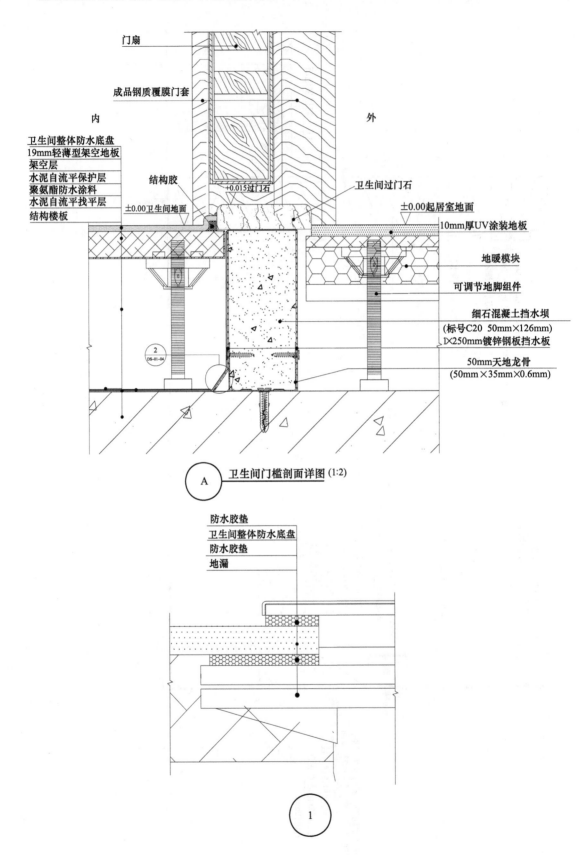

门扇

成品钢质覆膜门套

内　　　　　　　外

卫生间整体防水底盘
19mm轻薄型架空地板
架空层
水泥自流平保护层
聚氨酯防水涂料
水泥自流平找平层
结构楼板

结构胶

+0.015过门石

±0.00卫生间地面

卫生间过门石

±0.00起居室地面

10mm厚UV涂装地板

地暖模块

可调节地脚组件

细石混凝土挡水坝
(标号C20　50mm×126mm)
1×250mm镀锌钢板挡水板

50mm天地龙骨
(50mm×35mm×0.6mm)

2
DS-01-04

Ⓐ 卫生间门槛剖面详图 (1:2)

防水胶垫
卫生间整体防水底盘
防水胶垫
地漏

1

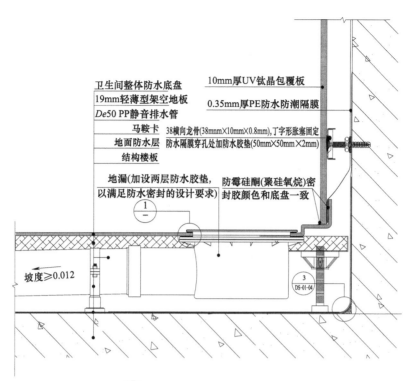

卫生间整体防水底盘　　　　10mm厚UV钛晶包覆板
19mm轻薄型架空地板　　　0.35mm厚PE防水防潮隔膜
De50 PP静音排水管
马鞍卡　　　　38横向龙骨(38mm×10mm×0.8mm),丁字形胀塞固定
地面防水层　　　防水隔膜穿孔处加防水胶垫(50mm×50mm×2mm)
结构楼板

地漏(加设两层防水胶垫,　　防霉硅酮(聚硅氧烷)密
以满足防水密封的设计要求)　　封胶颜色和底盘一致

①
—

坡度≥0.012

③
DS-01-04

Ⓑ　地漏排水示意图(1:3)

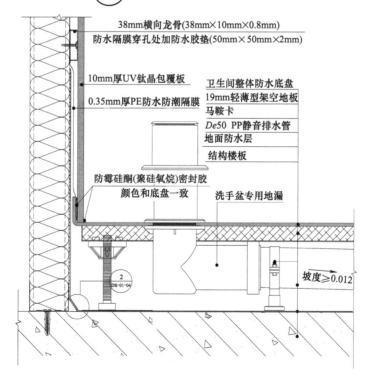

38mm横向龙骨(38mm×10mm×0.8mm)
防水隔膜穿孔处加防水胶垫(50mm×50mm×2mm)

10mm厚UV钛晶包覆板　　　卫生间整体防水底盘
0.35mm厚PE防水防潮隔膜　　19mm轻薄型架空地板
　　　　　　　　　　　　　马鞍卡
　　　　　　　　　　　　　De50 PP静音排水管
　　　　　　　　　　　　　地面防水层
　　　　　　　　　　　　　结构楼板

防霉硅酮(聚硅氧烷)密封胶
颜色和底盘一致　　　　洗手盆专用地漏

②
DS-01-04

坡度≥0.012

Ⓒ　洗手盆排水示意图(1:3)

图 3-64　节点图六

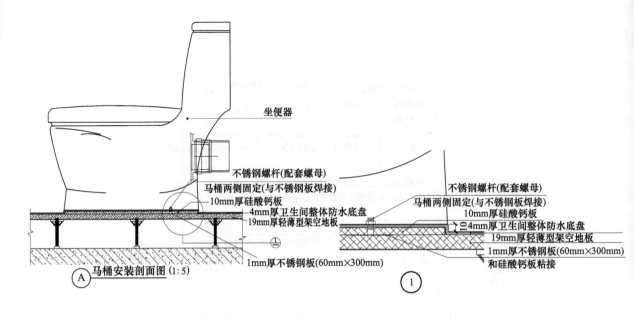

坐便器
不锈钢螺杆(配套螺母)
马桶两侧固定(与不锈钢板焊接)
10mm厚硅酸钙板
4mm厚卫生间整体防水底盘
19mm厚轻薄型架空地板
1mm厚不锈钢板(60mm×300mm)

不锈钢螺杆(配套螺母)
马桶两侧固定(与不锈钢板焊接)
10mm厚硅酸钙板
4mm厚卫生间整体防水底盘
19mm厚轻薄型架空地板
1mm厚不锈钢板(60mm×300mm)
和硅酸钙板粘接

Ⓐ 马桶安装剖面图 (1:5)　　　　①

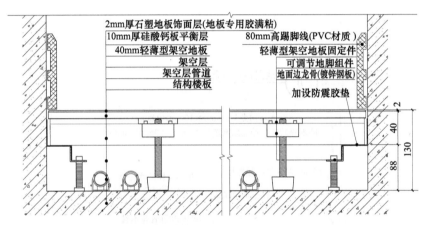

2mm厚石塑地板饰面层(地板专用胶满粘)
10mm厚硅酸钙板平衡层
40mm轻薄型架空地板
架空层
架空层管道
结构楼板
80mm高踢脚线(PVC材质)
轻薄型架空地板固定件
可调节地脚组件
地面边龙骨(镀锌钢板)
加设防震胶垫

Ⓑ 公共区域轻薄型模块横剖详图 (1:3)

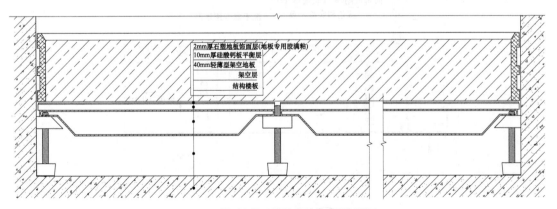

2mm厚石塑地板饰面层(地板专用胶满粘)
10mm厚硅酸钙板平衡层
40mm轻薄型架空地板
架空层
结构楼板

Ⓒ 公共区域轻薄型模块纵剖详图 (1:3)

图 3-65　节点图七

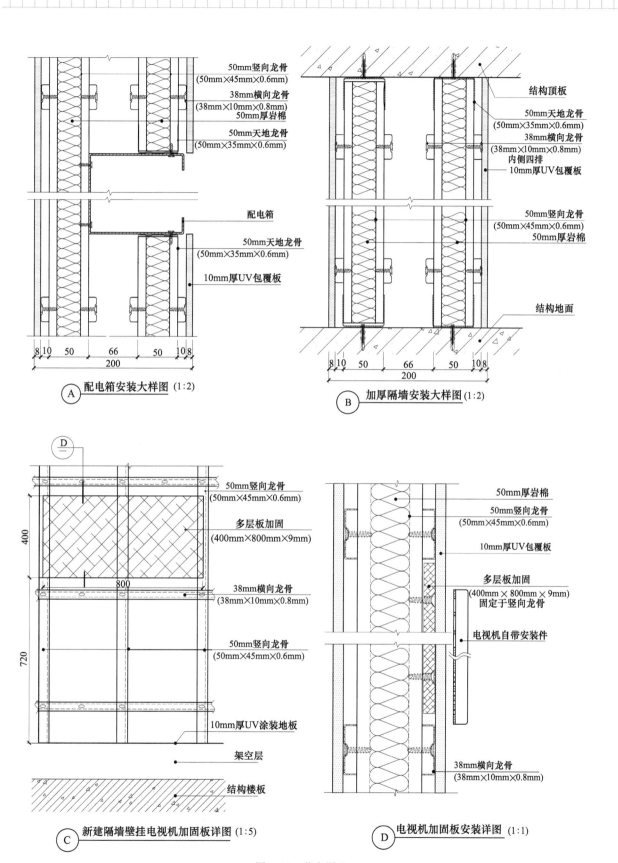

50mm竖向龙骨
(50mm×45mm×0.6mm)

38mm横向龙骨
(38mm×10mm×0.8mm)

50mm厚岩棉

50mm天地龙骨
(50mm×35mm×0.6mm)

配电箱

50mm天地龙骨
(50mm×35mm×0.6mm)

10mm厚UV包覆板

8 10 50 66 50 10 8
200

Ⓐ 配电箱安装大样图 (1:2)

结构顶板

50mm天地龙骨
(50mm×35mm×0.6mm)

38mm横向龙骨
(38mm×10mm×0.8mm)
内侧四排
10mm厚UV包覆板

50mm竖向龙骨
(50mm×45mm×0.6mm)

50mm厚岩棉

结构地面

8 10 50 66 50 10 8
200

Ⓑ 加厚隔墙安装大样图 (1:2)

50mm竖向龙骨
(50mm×45mm×0.6mm)

多层板加固
(400mm×800mm×9mm)

38mm横向龙骨
(38mm×10mm×0.8mm)

50mm竖向龙骨
(50mm×45mm×0.6mm)

10mm厚UV涂装地板

架空层

结构楼板

400

800

720

Ⓒ 新建隔墙壁挂电视机加固板详图 (1:5)

50mm厚岩棉

50mm竖向龙骨
(50mm×45mm×0.6mm)

10mm厚UV包覆板

多层板加固
(400mm×800mm×9mm)
固定于竖向龙骨

电视机自带安装件

38mm横向龙骨
(38mm×10mm×0.8mm)

Ⓓ 电视机加固板安装详图 (1:1)

图 3-66　节点图八

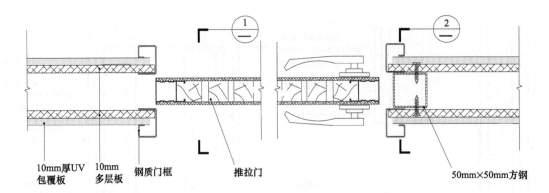

10mm厚UV包覆板　10mm多层板　钢质门框　推拉门　50mm×50mm方钢

A 推拉门横剖面 (1:3)

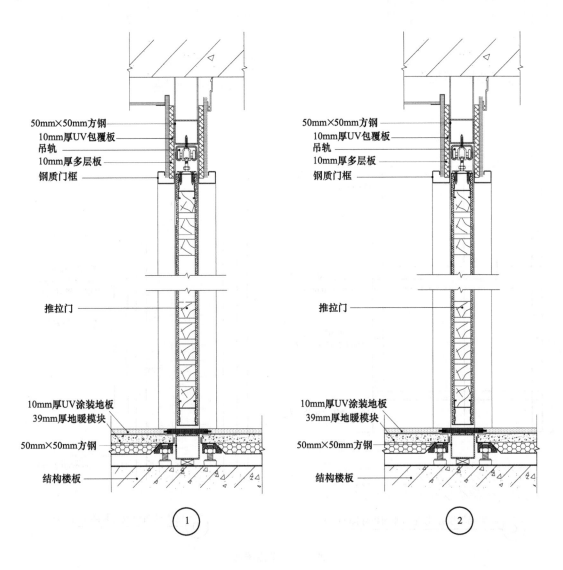

50mm×50mm方钢
10mm厚UV包覆板
吊轨
10mm厚多层板
钢质门框

推拉门

10mm厚UV涂装地板
39mm厚地暖模块
50mm×50mm方钢

结构楼板

50mm×50mm方钢
10mm厚UV包覆板
吊轨
10mm厚多层板
钢质门框

推拉门

10mm厚UV涂装地板
39mm厚地暖模块
50mm×50mm方钢

结构楼板

1　　　2

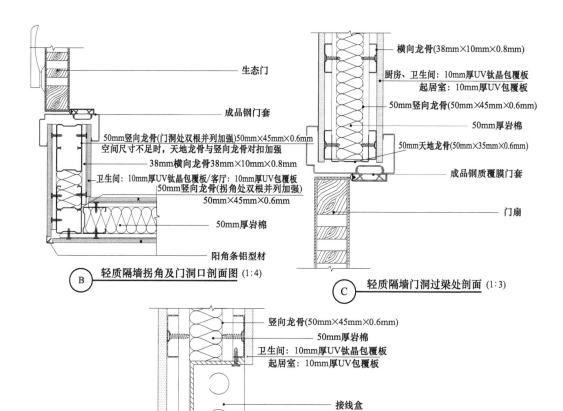

B 轻质隔墙拐角及门洞口剖面图 (1:4)

- 生态门
- 成品钢门套
- 50mm竖向龙骨(门洞处双根并列加强)50mm×45mm×0.6
  空间尺寸不足时,天地龙骨与竖向龙骨对扣加强
- 38mm横向龙骨38mm×10mm×0.8mm
- 卫生间: 10mm厚UV钛晶包覆板/客厅: 10mm厚UV包覆板
- 50mm竖向龙骨(拐角处双根并列加强)
  50mm×45mm×0.6mm
- 50mm厚岩棉
- 阳角条铝型材

C 轻质隔墙门洞过梁处剖面 (1:3)

- 横向龙骨(38mm×10mm×0.8mm)
- 厨房、卫生间: 10mm厚UV钛晶包覆板
  起居室: 10mm厚UV包覆板
- 50mm竖向龙骨(50mm×45mm×0.6mm)
- 50mm厚岩棉
- 50mm天地龙骨(50mm×35mm×0.6mm)
- 成品钢质覆膜门套
- 门扇

D 轻质隔墙接线盒安装节点 (1:3)

- 竖向龙骨(50mm×45mm×0.6mm)
- 50mm厚岩棉
- 卫生间: 10mm厚UV钛晶包覆板
  起居室: 10mm厚UV包覆板
- 接线盒
- 38mm横向龙骨(38mm×10mm×0.8mm)
  加固接线盒

图 3-67 节点图九

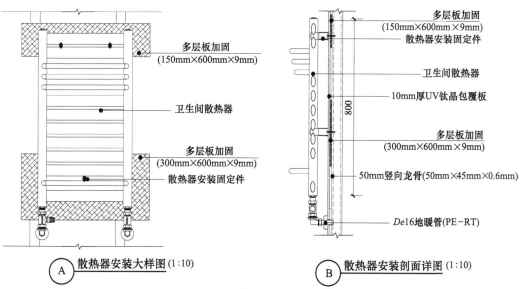

A 散热器安装大样图 (1:10)

- 多层板加固
  (150mm×600mm×9mm)
- 卫生间散热器
- 多层板加固
  (300mm×600mm×9mm)
- 散热器安装固定件

B 散热器安装剖面详图 (1:10)

- 多层板加固
  (150mm×600mm×9mm)
- 散热器安装固定件
- 卫生间散热器
- 10mm厚UV钛晶包覆板
- 多层板加固
  (300mm×600mm×9mm)
- 50mm竖向龙骨(50mm×45mm×0.6mm)
- De16地暖管(PE-RT)

800

图 3-68

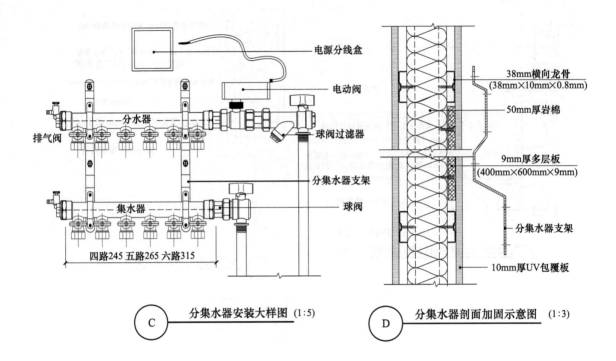

电源分线盒

电动阀

分水器

排气阀

球阀过滤器

分集水器支架

集水器

球阀

四路245 五路265 六路315

C 分集水器安装大样图 (1:5)

38mm横向龙骨
(38mm×10mm×0.8mm)

50mm厚岩棉

9mm厚多层板
(400mm×600mm×9mm)

分集水器支架

10mm厚UV包覆板

D 分集水器剖面加固示意图 (1:3)

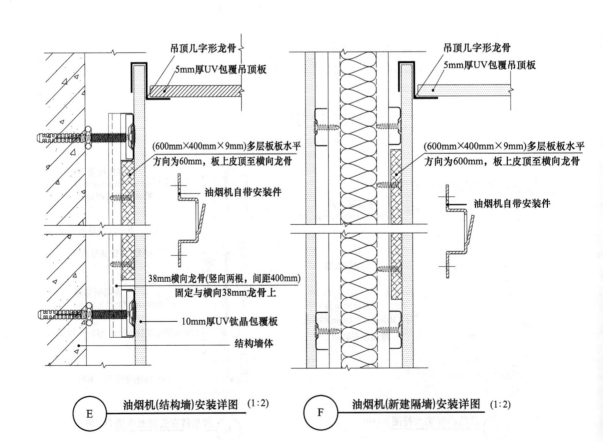

吊顶几字形龙骨

5mm厚UV包覆吊顶板

(600mm×400mm×9mm)多层板水平
方向为60mm，板上皮顶至横向龙骨

油烟机自带安装件

38mm横向龙骨(竖向两根，间距400mm)
固定与横向38mm龙骨上

10mm厚UV钛晶包覆板

结构墙体

吊顶几字形龙骨

5mm厚UV包覆吊顶板

(600mm×400mm×9mm)多层板板水平
方向为600mm，板上皮顶至横向龙骨

油烟机自带安装件

E 油烟机(结构墙)安装详图 (1:2)

F 油烟机(新建隔墙)安装详图 (1:2)

图 3-68 节点图十

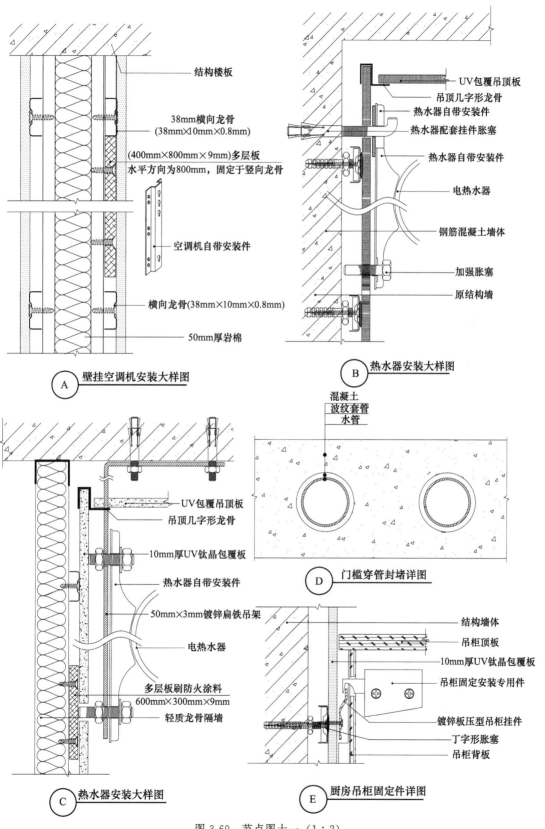

结构楼板

38mm横向龙骨
(38mm×10mm×0.8mm)

(400mm×800mm×9mm)多层板
水平方向为800mm，固定于竖向龙骨

空调机自带安装件

横向龙骨(38mm×10mm×0.8mm)

50mm厚岩棉

A 壁挂空调机安装大样图

UV包覆吊顶板

吊顶几字形龙骨

热水器自带安装件

热水器配套挂件胀塞

热水器自带安装件

电热水器

钢筋混凝土墙体

加强胀塞

原结构墙

B 热水器安装大样图

UV包覆吊顶板

吊顶几字形龙骨

10mm厚UV钛晶包覆板

热水器自带安装件

50mm×3mm镀锌扁铁吊架

电热水器

多层板刷防火涂料
600mm×300mm×9mm

轻质龙骨隔墙

C 热水器安装大样图

混凝土
波纹套管
水管

D 门槛穿管封堵详图

结构墙体

吊柜顶板

10mm厚UV钛晶包覆板

吊柜固定安装专用件

镀锌板压型吊柜挂件

丁字形胀塞

吊柜背板

E 厨房吊柜固定件详图

图 3-69　节点图十一 （1∶2）

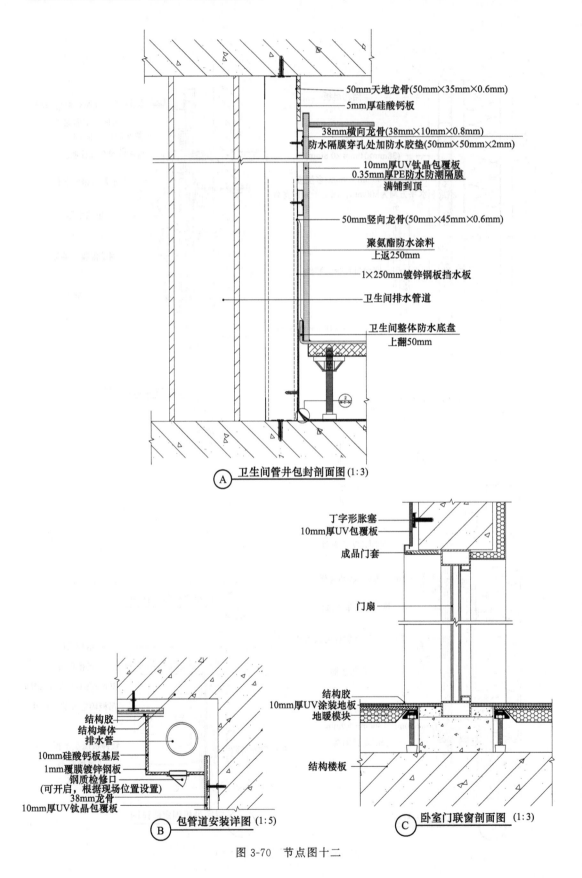

50mm天地龙骨(50mm×35mm×0.6mm)

5mm厚硅酸钙板

38mm横向龙骨(38mm×10mm×0.8mm)
防水隔膜穿孔处加防水胶垫(50mm×50mm×2mm)

10mm厚UV钛晶包覆板
0.35mm厚PE防水防潮隔膜
满铺到顶

50mm竖向龙骨(50mm×45mm×0.6mm)

聚氨酯防水涂料
上返250mm

1×250mm镀锌钢板挡水板

卫生间排水管道

卫生间整体防水底盘
上翻50mm

Ⓐ 卫生间管井包封剖面图(1:3)

丁字形胀塞
10mm厚UV包覆板

成品门套

门扇

结构胶
10mm厚UV涂装地板
地暖模块

结构楼板

结构胶
结构墙体
排水管
10mm硅酸钙板基层
1mm覆膜镀锌钢板
钢质检修口
(可开启，根据现场位置设置)
38mm龙骨
10mm厚UV钛晶包覆板

Ⓑ 包管道安装详图(1:5)

Ⓒ 卧室门联窗剖面图(1:3)

图 3-70　节点图十二

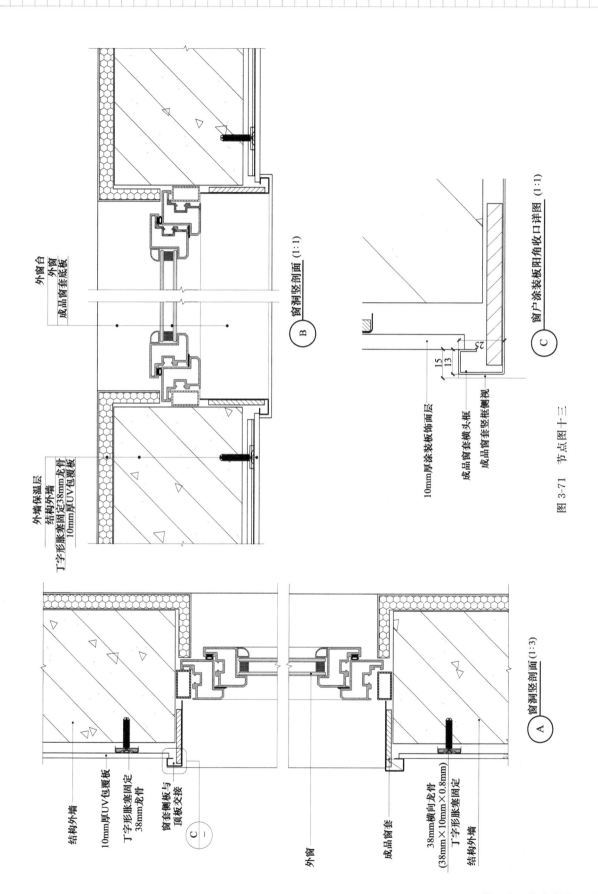

外窗台
外窗
成品窗套底板

外墙保温层
结构外墙
丁字形膨胀塞固定38mm龙骨
10mm厚UV包覆板

B 窗洞竖剖面 (1:1)

10mm厚涂装装饰面层
成品窗套横头框
成品窗套竖框侧视

15
13

C 窗户涂装板阴角收口详图 (1:1)

图 3-71　节点图十三

结构外墙
10mm厚UV包覆板
丁字形膨胀塞固定
38mm龙骨
窗套侧板与
顶板交接
C

外窗

成品窗套

38mm横向龙骨
(38mm×10mm×0.8mm)
丁字形膨胀塞固定
结构外墙

A 窗洞竖剖面 (1:3)

第4章
部品制造

  装配式装修空间的建造有赖于装修材料升级为装修部品制造，当工业发展已经向着智能制造时代迈进的时候，装修部品更要紧跟步伐，实现大规模定制，满足项目批量化快速交付的要求；实现精细制造和精益智造，满足部件之间有机地组合、结合与融合，让装配过程简单、装配成果呈现工业构造之美；实现柔性生产与即时化供应，满足项目需要的精准配送，实现零堆场、直接精准入户的配套供应。简单地说，制造推动了建造。

  部品制造应聚焦于部品的集成化、模数化、模块化、标准化，还要注重绿色环保与可持续发展，既包括原材的环保、制造过程的环保，还包括装配过程的环保，零垃圾、零噪声、零粉尘、零废水、零气味，做到"五零"的环保境界，甚至包装物都是循环周转使用的。

4.1 部品制造理念

  相对于传统装修，部品制造是新的概念，这不仅仅因为部品简单地从材料集成为多部件；更重要的是，强调部品的定制，为特定装配空间进行量体裁衣，定制化生产制造所需部品，实现标准规格部品与非标规格融合，以及墙、顶、地与设备管线系统的融合。部品制造遵循以下三方面理念。

  (1) 部品集成定制 实现集成化为特征的成套供应，产品形式为装配式。部品集成是一个由多个小部品集成为单个大部品的过程，大部品可通过小部品不同的排列组合增加自身的自由度和多样性。定制部品的非标规格部件与标准规格部件同批次加工，避免色差，并实现同一空间内的耐受性与环境适应性相同。

  (2) 部品性能可靠 各类部品性能在满足国家相应规范要求的前提下，并注重提升以下性能。

  ① 高品质 用科技密集型的规模化工业生产取代劳动密集型的粗放的手工业生产，确保部品的高品质、高精度，产品构造考虑容错空间与公差配合。凡是可以在工厂完成的生产加工，就不要留给施工现场进行二次加工。加工精密度控制在毫米级别。

  ② 可逆性 部品之间的连接优先采用物理连接方式，便利安装的同时实现逆向拆除及快速重置，易于快速翻新或维护，并不影响相邻部品完好性。

  ③ 安全性 既包括物理性能安全可靠，满足使用部品对于情景空间的正常性能要求，包括尺寸稳定性、力学稳定性、耐酸碱、耐候等性能，高温、高热及受水、受潮条件时不变

形,不降低力学性能;又要强调防火安全,其防火、耐火性能优于传统装修材料,墙、顶、地面的支撑连接构造与所用材料均为 A 级;更要注重环保安全,部品所用的原材料要从源头上和制造过程中不含有、不添加、不释放(甲醛、三苯、TVOC、放射性元素等)对人体有害的物质。

④ 经济型 一方面通过标准化、工业化、规模化的生产方式,降低制造成本;另一方面便于储运,减少部品流通、安装、使用、维修等全寿命过程中各阶段损耗控制成本。

(3) 部品信息闭环 装配式装修不仅仅是部品制造的工业化,还包括以部品信息化为支撑。在"两化"融合的基础上,全部部品基于唯一的信息编码,锁定指定位置、匹配参数信息。指定位置到"××项目1号楼3单元105房间卧室西侧墙面第2块板",参数信息包括"宽度900mm、高度2400mm、厚度10mm、意大利木纹灰面,顺条排布",还包括"国标编码、制造端生产信息"。只有建立起部品的信息化,才能实现大规模的部品生产与网络协同制造,确保柔性化生产与准时化供应。部品生产数据来源于 BIM 设计,生产制造过程的管理依靠 MES 制造执行系统,全过程的信息通过 ERP 信息数据联通与共享。所以,大力发展 BIM＋MES＋ERP 的信息化系统协同,能聚焦于定制化、标准化、模数化、集成化、智能化的部品实现手段与效率,提供成套、完全配合、符合设计需要的部品。

4.2 部品数据采集与归尺

装配式装修的特点是可将复杂的传统装修工业化,使其具有可复制性。当然,一切的基础都源于数据,精准的数据,可以为图纸设计提供依据,为后续的物料下单及工厂制造提供保障,是实现装配式装修的主要依据。

首先需要对装修目标空间进行数据采集,在装修图纸设计准备阶段,利用测距仪或者3D扫描仪对施工现场进行测量,确保图纸的准确性,标识出控制线与完成线,利用五步放线法进行全屋测量放线(标识出柱、水电、燃气、分集水器位置),标识出全屋中心放线、厨卫净空边界放线。图纸设计完成后,按照"批量之前,样板先行"的原则,分户型进行样板间的施工,并及时记录、归档,确保样板间数据的准确性。这样,才能合理有序地组织后续施工。

施工过程的部品数据采集也是相当重要的,可以为后续的批量施工提供有力的数据支持。我们提倡按照施工进度计划的工序安排,设置材料包,此材料包要能够满足此工序的全部作业内容。首先,技术人员根据施工图纸以材料包的形式编制样板间的材料清单,启动样板间的实施;然后在实施过程中同步记录样板间的实际使用情况,大到墙板、地板及模块等部品,小到螺丝钉、胶类的点数及延米,实现精准量化,编制样板间的材料计划初稿;最后进行饰面图案的分类与排布的核对,避免顺纹顺色。

对于定制类的部品部件,诸如墙板、地板、地暖模块等,要明确其规格、使用部位,并一一编号,确保其唯一性、准确性。最后,将样板间的材料计划初稿与初始材料清单进行横向对比、总结,完成图纸与现场施工的高度结合,在样板间完成后编制最终的材料计划清单。

4.3 架空模块制造

架空模块根据其适配应用系统不同,可以分为型钢复合架空模块、超薄型钢架空模块、型钢复合地暖模块，分别用于架空地面系统、集成卫浴地面、集成采暖系统。

4.3.1 原材料要求

架空模块的主要原材料是镀锌钢薄板、保温板和增强纤维硅酸钙板。增强纤维硅酸钙板的原材料要求见本书4.4.1相关内容。

镀锌钢薄板卷材的要求如下。

① 卷材无浮尘、无油污。

② 卷材厚度、幅宽、标识符合产品加工要求。

③ 无肉眼可见的裂纹、镀锌层剥落和镀锌层不均匀等缺陷。

4.3.2 模块制造

（1）加工数据　架空模块厚度有20、30、40共三个系列，在满足垂直运输和水平运输条件下尽可能长度标准化，减少同一房间内的模块规格数量。依据现场地面尺寸确定架空模块的加工数据。

（2）制造要求　按照设计图纸开孔，不能出现漏打或多打；且槽口应与保温板上的管道出口保持一致。开孔方向和边距数据与设计图纸相符。

4.3.3 出厂检验

架空模块长度、宽度、高度、对角线尺寸均应在产品质量控制标准的范围之内。

4.3.4 架空模块包装

架空模块、增强纤维硅酸钙板、调整支脚配套齐备。

规格、型号、编号等数据应清晰标识，且位置一致。模块码放时两端整齐划一、两侧齐整，按搬运、安装顺序有条理地布置。

4.4 硅酸钙复合板制造

硅酸钙复合板根据其适配应用系统不同，可以分为硅酸钙复合墙板、硅酸钙复合地板、硅酸钙复合顶板，分别用于集成墙面、集成吊顶、集成地板；硅酸钙复合板根据其饰面效果不同，可以分为硅酸钙板复合石纹板、硅酸钙板复合木纹板、硅酸钙板复合壁纸板。

4.4.1 原材料要求

硅酸钙复合板的原材料是纤维增强硅酸钙板，应用在不同的使用部位可以有不同规格、厚度、密度的差异。增强纤维硅酸钙板的质量要求如下。

（1）允许尺寸偏差　增强纤维硅酸钙板的尺寸与标称尺寸相比，其长宽尺寸正负偏差均不应大于3mm，厚度不应有负偏差，正偏差不应大于1mm。

（2）外观质量　不允许出现裂纹、分层、脱皮。

（3）理化性能检测　抽检增强纤维硅酸钙板的湿胀率、含水率、不透水性、抗冻性、抗折强度，应达到国家标准或相关行业标准要求，同时还应符合产品设计需求的配方中特殊性能要求。

4.4.2 硅酸钙复合板制造

（1）容错能力 硅酸钙复合板的测量数据精确到 1.0mm，适应不同建筑空间的容错能力和归尺如下。

深化设计单侧墙板最大容错 8mm，归尺的阶差为 0.5mm。

深化设计地板最大容错 8mm，归尺的阶差为 0.5mm。

深化设计吊顶板最大容错 12mm，归尺的阶差为 1mm。

（2）高出材率模数 为了减少浪费，提供出材率，降低成本，应优先使用模数进行板材排布，具体如下：

居室墙板宽度模数 600mm、900mm，高度模数 2400mm、2700mm。

厨卫墙板宽度模数 600mm、900mm，高度模数 2400mm。地板宽度模数 190mm、290mm、600mm，长度模数 600mm、1200mm、2400mm。

（3）制造要求 硅酸钙复合板可以采用包覆或涂装等环保、无污染的科学工艺，实现稳定的集成化壁纸板、瓷砖效果。使用环保胶，环保光固化涂料，整个生产过程配有粉尘回收装置，达到环境无污染和对操作工人无危害的生产环境。硅酸钙板复合壁纸板的饰面层采用薄片状材质，整体包覆正面和侧面。硅酸钙板复合石纹板、木纹板的饰面层采用环保型涂装技术，生产线应具有可定制柔性生产的能力以及高效数控能力。底涂与基层应结合牢固，正常使用环境下不得脱落和变色。饰面涂装的耐水性、耐磨性、耐人工气候老化性、漆膜硬度、附着力、漆膜厚度、涂布量等要达到国家标准或相关行业标准要求。

（4）部品质量要求

① 表面应平整，无颗粒、飞边、分层、脱皮、毛刺、裂缝。

② 硅酸钙复合墙板、地板，若有开槽，则开槽尺寸偏差≤0.3mm。

③ 包覆或涂装的硅酸钙复合墙板包覆折边尺寸≤3mm，应敷贴牢固且不得有翘起、毛刺。

④ 硅酸钙复合板的密度、热导率、湿胀率、抗折强度等应完全达到企业标准。

⑤ 出厂成品硅酸钙复合墙板，每平方米的瑕疵或气泡应不超过 3 个，且直径不大于 1mm 并不集中于 100mm 范围内。

4.4.3 包装要求

① 带有饰面层的 2 张硅酸钙复合板面对面叠合在一起，且用保护膜隔开。

② 包装应符合运输的安全性并兼顾安装顺序的合理性，每个包装外应注明包装内产品清单、检验状态和生产日期，且标签位于包装方便观察和检视的位置。标识应能防止雨水侵蚀和阳光照射导致的褪色。

③ 专车和配送的包装防护等级应有区别。专车运输防护等级应从简，足以能保护产品即可；配送的包装运输应能承受叠放以及 3～4 次装卸运输条件的产品防护。

④ 对于浅色产品或者易受阳光影响的产品应采用避光包装处理。所有产品包装都应具备防止雨水淋湿损坏的能力，并标识出物流运输的作业要求和搬运作业操作位置。对于易碎或不耐压的产品应清晰标识。

4.5 热塑复合防水底盘制造

工业化的柔性防水底盘整体一次性集成制作，防水密封可靠，可变模具快速定制各种尺寸。

4.5.1 原材料要求

原材料同时兼顾塑性和硬度，既可保证可以热塑成型，又能保证使用耐磨，厚度不小于4mm。

材料表面无划伤，无疵点（产品折过度后出现的现象），干净整洁。

材料应符合相应国家检验标准（无国标的应符合行业标准），力学试验优于企业要求，并应进行耐候试验和耐老化试验，符合要求后方能使用。

4.5.2 防水底盘制造

防水底盘首件必检，检查无误后方可正常生产。尺寸要求：按图纸尺寸生产误差不得大于±2.5mm。

防水底盘上翻沿高度为40mm，切口应整齐平滑，无毛刺，无刮手现象。

地漏开口尺寸应配合地漏产品，尺寸位置准确，地漏中心凸起应分应完全切除。

4.5.3 出厂检验

外观平直，无明显翘曲，角部圆滑，无加工不到位的情况。

无加工过程引起的表面起泡、鼓包。

表面清洁，无杂质、颗粒、凸起等现象。

4.5.4 防水底盘包装

防水底盘内表面覆盖高黏保护膜，距边留出1cm的边缝；保护膜应铺贴平整、牢固。

防水底盘外应采用纸盒或高强度纸包装，在每个纸盒上的同一位置（纸盒的侧面）粘贴产品标签。标签应粘贴平整、贴牢，无褶皱、歪斜，其内容与产品规格型号一致。

每个托架累加防水底盘高度不得超过15个，托架不能累加叠垛，要求做到有条理，直观明了。外标识应暴露在外侧，目测可以看到，利于运输过程中的识别。

防水底盘存放在阴凉通风处，不得雨淋或暴晒。

4.6 部品匹配与配送

根据项目材料计划清单，在项目初期完成产品的精准下单，给工厂及供货商充足的时间加工及材料准备周期，在项目实施过程中，根据施工进度计划的动态变化，实时调整物料供应状态和周期，保证物料的及时供应，既要保证现场施工组织的有序、顺畅，又要做到不至于在有限的施工现场积压大量物料，徒增物料的损耗。

为实现来料即用、有序供应，装配施工过程中提出的"适时配送"方案，就是按照施工进度要求，辅材协同主材套套进场，来料即用。若某一工序涉及两地配货或者多地协同的情况，要求物流到货时间控制在2天之内。例如在地面模块进场的同时，配套塑料调整脚、地脚螺丝、模块连接件、米字头纤维螺丝、布基胶带等辅材按数量成套匹配，确保施工现场的顺利施工。橱柜等家具，做到按户配置五金包，每户一包，这样，施工现场物料分解、组装以及施工组织才能快速、有序、合理。

第5章
装配施工

　　装配式装修，对于装修建造方式产业升级贡献最大的环节，就是简化了现场施工对于工具、工艺、手艺的要求，淡化那些"长木匠、短铁匠""齐不齐，一把泥"的非标做法，摆脱以往传统装修发挥手艺人的技能，装配式装修不需要大型机械、复杂工具、有基础的工匠，让装修变得简单，甚至有一天普通用户也可以自己动手安装一个完整的家。其出发点在于能够放在工厂加工与集成的，就不要留给装配现场，所有的准备工作都前置、前移。从这个意义上说，装配施工是用户最能直接感知和体验到装配式装修对于提高质量、提升效率、减少污染、减少浪费的环节。对于快捷的装配操作，本章以图片和视频的形式进行了记录，观看起来觉得视频很短，但事实就是很简单。

5.1　前置验收与施工准备

5.1.1　图纸会审

　　（1）图纸会审与交底　工程施工进场后，组织工程技术人员熟悉和审查施工图纸并整理成会审问题清单，由设计人员进行交底，明确设计图纸交代不清的内容，尤其是较为复杂、特殊功能的部分，以及各细部装修做法等。检查各专业之间设计图纸相互间有无矛盾，平、立、剖面图之间有无矛盾，标注有无遗漏等，为顺利按图施工扫清障碍。

　　（2）细化专项施工方案　组织相关专业的工程技术人员编制实施性施工方案和项目试验计划，向有关施工人员做好一次性方案和分项工程技术交底工作。根据工程特点，对重点、关键施工部位提出科学、可行的技术措施。

5.1.2　现场勘验及放线

5.1.2.1　确认施工内容和施工区域范围

　　现场勘测时应首先确认施工界面，对施工区域进行整理，现场不应堆积施工材料和其他材料，主体施工的临时孔洞应封堵，不能封堵的应做好安装防护措施。外窗应安装完成，未安装外窗的应做好安全防护措施，电梯井、消防井、给排水井、电井应做好安全防护，避免坠物和人员坠落。现场施工应局部符合项目规定的安全措施。结构主体应符合相应规范要求，对于浇筑超标或超过技术要求的位置应处理到位。主体应按图纸进行填充和封堵，填充物体强度和其他技术要求应符合施工要求（应具备室内施工的基本强度）。

5.1.2.2 清理现场，根据图纸放线

现场模板和外墙临时固定设施应拆除，因施工要求不能拆除的（如外挂电梯和塔吊固定件）应不影响测量放线工作的展开。放线应在主体结构的水平线和中心控制线的基础上进行（部分项目如旧改项目应权衡找同一楼层单元统一控制线）。

5.1.2.3 现场放线

装配式装修的现场放线有别于传统装修的现场放线工作，是基于设计图纸的全屋放线和测量，在复核设计方案的同时，为技术人员确认各部品精准规格尺寸和后续工厂定制生产提供基础技术资料。

（1）放线流程　放线流程如下。

清理现场→弹出方正基准线→弹出水平基准线→弹出隔墙龙骨线、管道龙骨线→弹出吊顶龙骨线→弹出地面模块完成线→弹出调平38mm龙骨完成线→弹出调平38mm龙骨布置线→弹出打孔（免钉）位置线→弹出加固板位置标识线→弹出开关/插座位置标识线→弹出灯位标识线→弹出强电管路走向线→弹出弱电设备位置标识线→弹出弱电管路走向线→弹出热水管路走向线→弹出冷水管路走向线→弹出出水口位置标识线→弹出地面起铺标识→弹出阴角压板放线标识→弹出非标墙板线→弹出墙板编号。

（2）主要工具　红外线水平仪，墨斗，卷尺，人字梯，记号笔，标识模板，各色颜料等。

（3）放线步骤　在放线工作开始前应对现场进行清理，保持现场的干净整洁（图5-1）。

图5-1　现场清理

① 依据图纸复核现场尺寸，使用红外线水平仪，在地面弹出房间方正基准线，在基准线交叉处喷标识，标识线条使用1mm红色细实线（图5-2）。

(a)

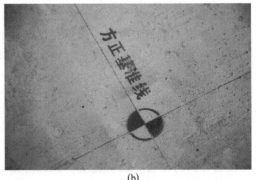

(b)

图5-2　基准定位

② 使用红外线水平仪按照图纸复核现场标高。在所有墙面弹出距地面完成面1m的水平基准线，并在水平基准线上方喷涂标识，标识线条使用1mm红色细实线（图5-3）。

③ 依据图纸尺寸要求弹出隔墙龙骨线、管道龙骨线并喷涂标识。龙骨两侧均需要弹线，线内使用白色填充，标识线条使用1mm红色细实线（图5-4）。

④ 以水平基准线为基础，按图纸设计标高在吊顶处墙体上弹出吊顶龙骨线，并喷涂标识，标识线条使用1mm红色细实线（图5-5）。

(a)

(b)

图 5-3　水平基准线标识

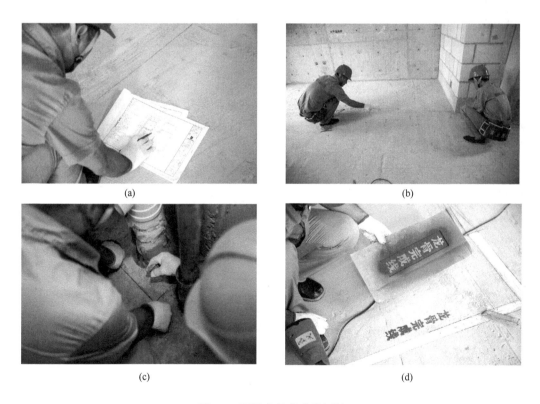
(a)　(b)
(c)　(d)

图 5-4　隔墙龙骨基准线标识

⑤ 以水平基准线为基础，使用卷尺按图纸设计标高在安装架空模块的墙面上弹出模块完成线，并喷涂标识，标识线条使用1mm红色细实线（图5-6）。

(a)

(b)

图 5-5　顶面龙骨线标识

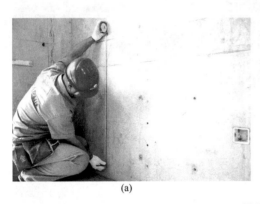
(a)

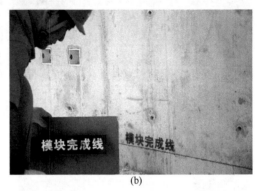
(b)

图 5-6　模块完成线标识

⑥ 按照图纸要求，使用红外线水平仪、卷尺在墙面阴角处、墙顶面阴角的顶面处、墙地阴角的地面处弹出 38mm 龙骨完成线，并喷涂标识，标识线条使用 1mm 红色细实线（图5-7）。

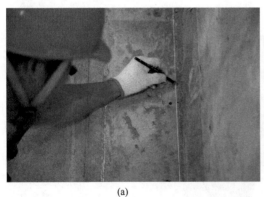
(a)

(b)

图 5-7　竖向龙骨完成线标识

⑦ 按照图纸要求，使用卷尺以水平基准线为基础，距地面完成线按图纸要求尺寸弹出第一条调平 38mm 横龙骨线，以此间隔不大于 600mm 弹出剩余 38mm 横龙骨线。并在同侧"水平基准线"上方第二根横龙骨线上方喷涂标识，线条使用 1mm 黑色细实线（图 5-8）。

⑧ 按图纸设计要求，在需要做调平工艺的墙面，以 38mm 龙骨完成线为基础弹出打孔／

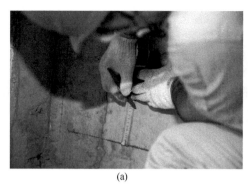 

(a)   (b)

图 5-8　横龙骨完成线标识

免钉件孔位置线，线条使用 1mm 黑色细实线（图 5-9）。

 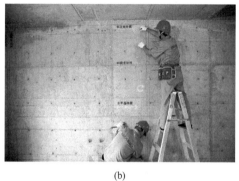

(a)   (b)

图 5-9　墙面加固点定位

⑨ 按图纸设计要求以水平基准线、38mm 龙骨完成线确定加固板位置，根据不同的设备喷涂标识，标识线条使用 5mm 黄色细实线（图 5-10）。

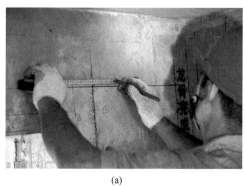 

(a)   (b)

图 5-10　墙面加固板定位

⑩ 根据图纸要求，依据水平基准线确认开关/插座位置，并喷涂标识，使用模板喷涂 70mm×70mm 红色方形框（图 5-11）。

⑪ 根据图纸要求，依据水平基准线确认灯位位置，并喷涂标识，标识使用 ϕ100mm 红圈内为"＋"字形（图 5-12）。

  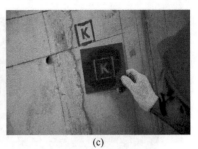

(a)   (b)   (c)

图 5-11　强电端口定位

(a)   (b)

图 5-12　灯位定位

⑫ 依据已弹出的开关/插座位置和灯位位置按管路走向弹出强电管路走向线。照明管路使用 8mm 虚线，插座管路使用 8mm 宽红实线（图 5-13）。

 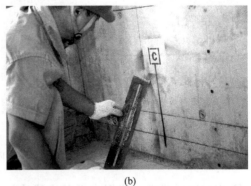

(a)   (b)

图 5-13　强电管线路由标识

⑬ 根据图纸要求，依据水平基准线等确定各弱电设备位置并喷涂标识。标识外框为 70mm×70mm 绿色方形边框（线型 5mm），采用模具喷涂（图 5-14）。

(a)   (b)

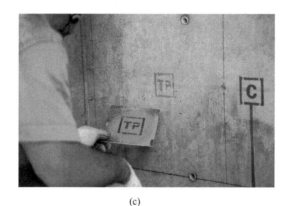

(c)

图 5-14　弱电端口定位

⑭ 依据已弹出的弱电设备位置弹出弱电管路走向线，线条使用 8mm 宽绿实线（图 5-15）。

⑮ 根据图纸要求，使用卷尺依据水平基准线、38mm 龙骨完成线确认出水口位置并喷涂标识。冷水为 50mm 高蓝色 "L" 标识，热水为 50mm 高红色 "R" 标识（图 5-16）。

⑯ 根据图纸要求，使用卷尺依据 38mm 龙骨完成线弹出热水管路走向线，线条使用 8mm 宽红虚线；使用卷尺依据

图 5-15　弱电管线路由标识

38mm 龙骨完成线弹出冷水管路走向线，线条使用 8mm 宽蓝虚线（图 5-17）。

⑰ 根据图纸要求，在各房间的地面起铺位置喷涂起铺点。起铺点使用红点＋5mm 红长箭头线＋5mm 红短箭头线标识（图 5-18）。

⑱ 按图纸设计要求在各房间墙面的阴角处标示出墙板压板方向线。压板方向线为 5mm 双红实线＋5mm 箭头线（图 5-19）。

⑲ 根据图纸要求，在墙面采用非标准墙板处弹出非标准墙板线，线条使用 1mm 红色细实线。

(a)

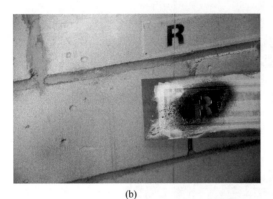

(b)

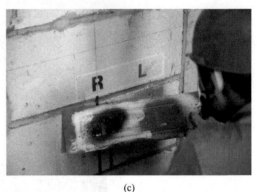

(c)

图 5-16　给水端口定位

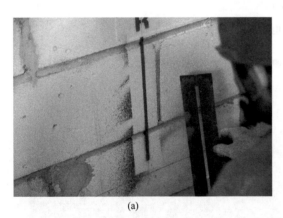

(a)

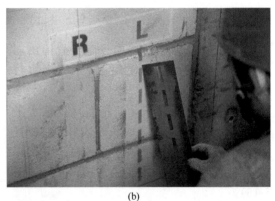

(b)

图 5-17　给水管路由标识

⑳ 各房间按图纸立面设计编号，先在各房间正对门或最醒目墙面立面喷涂房间名称（客厅、餐厅、主卧等），再按图纸尺寸分别表示出 A1、A2、B1、B2 等墙板标号，标号使用 5mm 红实线英文大写字母＋5mm 阿拉伯数字线（图 5-20）。

㉑ 按图纸设计要求，在门洞、窗户四周弹出窗套完成线和门套完成线，线条使用 1mm 红色细实线（图 5-21）。

(4) 注意事项

① 各房间自上而下喷涂标识为 "吊顶龙骨线" "38mm 横龙骨线" "水平基准线" "模块完成线"，此四个标识要在同一垂直线上。

② 各房间墙面同一种标识需要在同一水平线上，如板压方向、墙板编号、各线型名称等。

(a)   (b)

图 5-18　地面起铺点定位

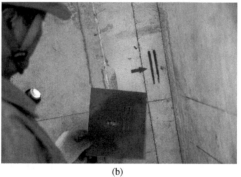

(a)   (b)

图 5-19　墙板压接标识

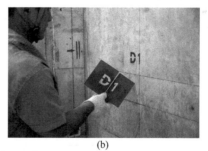

(a)   (b)

(c)

图 5-20　墙板次序标识

施工放线复核：施工放线是将设计图纸准确放样至施工现场的重要工作，依据现场放线结果印证施工现场与设计方案的匹配，可以在施工前发现设计图纸与施工现场不符之处，并根据实际状况有针对性地调整相关尺寸和施工方案，为现场施工提供准确的施工指导。通过施工放线还可以获取现场的精确尺寸数据，确认各部品特别是定制类非标准部品的准确规格尺寸和数量，为制作部品订货计划提供基础。

(a)

(b)

图 5-21　门窗完成线标识

5.1.3　部品订货及进场计划

根据现场放线所获得各部品的准确规格尺寸，计算方法见表 5-1。

表 5-1　部品订单计算方法

部品	部位	施工条件	尺寸名称	计算方法
墙板	居室	有踢脚线	高度	模块完成线至顶面完成线尺寸
			非标准板宽度	（墙面两侧 38mm 龙骨完成线尺寸－10mm）/900mm 后小数点后尺寸
		无踢脚线	高度	模块完成线至顶面完成线尺寸－10mm
			非标准板宽度	（墙面两侧 38mm 龙骨完成线尺寸－10mm）/900mm 后小数点后尺寸
	厨房	—	高度	模块完成线至顶面完成线＋30mm
			非标准板宽度	（墙面两侧 38mm 龙骨完成线尺寸－10mm）/600mm 后小数点后尺寸
	卫生间	有地板	高度	模块完成线至顶面完成线尺寸＋26mm
			宽度	（墙面两侧 38mm 龙骨完成线尺寸－10mm）/600mm 后小数点后尺寸
		无地板	高度	模块完成线至顶面完成线尺寸＋16mm
			宽度	（墙面两侧 38mm 龙骨完成线尺寸－10mm）/600mm 后小数点后尺寸

部品	部位	施工条件	尺寸名称	计算方法
墙板	居室	窗户	两侧非标准墙板宽度	（38mm龙骨完成线至窗套完成线尺寸－15mm）/900mm后小数点后尺寸
			上下两侧墙板宽度	窗宽尺寸/2＋5mm
			上下两侧板高度	顶面完成线至窗上沿尺寸；模块完成线至窗下沿尺寸－10mm
		门洞	两侧非标准墙板宽度	（38mm龙骨完成线至门套完成线尺寸－15mm）/900mm后小数点尺寸
			上侧板宽度	门洞净尺寸＋10mm（如果门洞净尺寸大于900mm，则先除2）
地板	—	有踢脚线	非标准板长度	（38mm龙骨完成线尺寸－30mm）/单块地板的长度（同时考虑铺贴方式）
			非标准板宽度	（38mm龙骨完成线尺寸－30mm）/单块地板的宽度（同时考虑铺贴方式）
		无踢脚线	非标准板长度	（38mm龙骨完成线尺寸－20mm）/单块地板的长度（同时考虑铺贴方式）
			非标准板宽度	（38mm龙骨完成线尺寸－20mm）/单块地板的宽度（同时考虑铺贴方式）
顶板	厨房、卫生间	—	长度	墙面两侧38mm龙骨完成线尺寸－30mm
			非标准板宽度	（墙面两侧38mm龙骨完成线尺寸－30mm）/60mm后小数点后尺寸
防水底盘	—	—	外径尺寸	38mm龙骨完成线尺寸＋10mm
			各孔洞位置尺寸	预留管径中心点至38mm龙骨完成线尺寸＋5mm

制作部品订货计划见表5-2。

表5-2　制作部品订货计划

拟加工材料	规格	预计进场时间
轻质隔墙及辅料包		
给水、排水、电气管线及辅料包		
装配式吊顶及辅料包		
架空模块及辅料包		
集成采暖管线及辅料包		
集成墙板及辅料包		
集成地板及辅料包		
集成门窗及辅料包		
橱柜、电器及辅料包		
洁具、五金及辅料包		

5.1.4　进场准备

5.1.4.1　技术准备

（1）施工现场准备

① 根据总体装修阶段施工现场平面布置重点考虑临时交通道路、垂直运输机械及大宗

材料的堆放等几个方面，同时考虑不同施工阶段的动态调整。

② 装修前确定好施工电梯，用于满足装配式装修阶段的材料及人员垂直运输，后期使用楼内正式电梯，但要保证垂直运输设备无缝衔接，施工运输无断档。

③ 在每栋楼施工室外电梯附近设置一块不小于 $12m \times 12m$ 的材料堆放场地，堆放场地均进行硬化，达到叉车运输条件。小宗装修材料随到随送至楼上相应施工部位，大宗装修材料次日内搬运到楼上作业面。辅料放在相应楼内，所有材料堆场都按照"就近堆放"的原则，同时考虑到交通运输的便利。

（2）人员准备

① 人员要求　装配式装修现场的装配工人需要有一定的文化知识，可以看懂施工图纸、技术要求和质量要求等资料，并能结合材料详单辨别和确认产品部件；经过培训后能熟练使用安装工具；经过培训后能了解并掌握相关技术要求。

② 技术和安全　装配式装修施工前应确认施工人员经过培训且合格。装配式装修项目施工前应进行技术交底，且交底资料应书面签字确认。电工、防水工等特殊工种应持证上岗（涉及持证上岗的工种应符合国家或行业规定）。

5.1.4.2　施工组织与配合

施工组织应根据每个项目的特点采用装配式装修的不同工艺进行流程排布和其他施工配套交叉作业，施工组织及和其他施工单位（外墙施工、结构施工）配合应科学合理。施工组织由项目负责人（项目经理）负责组织编制并报协作部门通报协商后确认。

5.2　总工序及物料管理

5.2.1　总工序

装配式装修总工序如图 5-22 所示。

5.2.2　物料管理

5.2.2.1　产品订单

墙板、地板、吊顶板、地暖、给水、排水、窗套等定制产品，由设计师出具按照户型的定制产品材料表，确保每个户型每个产品有唯一编号。

分户打包是装配式装修的材料供应方向，逐步实施分户打包的材料有轻钢龙骨、铝型材、窗帘杆、橱柜及其五金、水管、套装门、窗套、地暖模块、涂装墙板、包覆顶板、涂装地板等。

5.2.2.2　材料收货

① 现场品控检验人员必须严格检验原材料及主辅料，应符合现行国家产品标准，必须查验相关材质单、质量合格证、材料号牌中文标志，型号、名称、规格、尺寸及检验报告。

② 根据国家相关规定与要求，材料进场后应在监理的见证下抽样复试，详见表 5-3。

③ 现场品控检验人员对项目首件样品应留样存档。

④ 对即将进入下一道工序的中间部品应进行严格检验，防止进入下一道工序。对即将入库的产品应进行完工检。检验内容包括：尺寸与图纸设计、数据是否相符，偏差范围，有无漏加工。

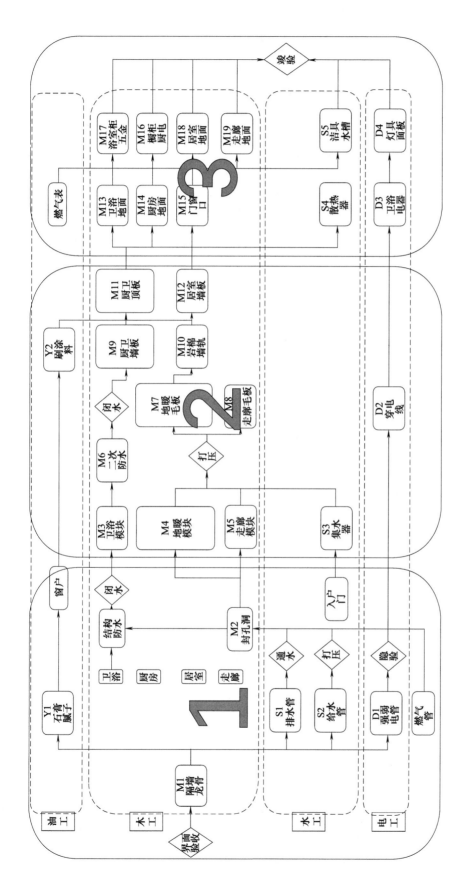

图 5-22　装配式装修总工序

表 5-3　部品复试项清单

材料名称	进场复试项目	复试要求依据	备　注
模塑聚苯乙烯保温板	热导率、表面密度、压缩强度、燃烧性能	GB 50411—2007 GB 50354—2005	此产品为地面架空模块中的部件
岩棉板	热导率、密度、燃烧性能	GB 50411—2007 GB 50354—2005	龙骨隔墙填充材料
结构密封胶	拉伸模量、定伸黏结性、下垂度、游离甲醛、VOC	GB 50210—2018 GB 50325—2010	龙骨隔墙面板、地面硅酸钙复合地板粘贴
防霉硅酮（聚硅氧烷）密封胶	定伸黏结性、拉伸模量、耐霉菌性、游离甲醛、VOC	GB 50210—2018 GB 50325—2010	墙面板板缝、卫生间地面及墙面接缝处使用
硅酸钙复合顶板	抗折强度、密度、燃烧性能、甲醛释放量	GB 50354—2005 GB 50325—2010	厨房、卫生间吊顶板
硅酸钙复合墙板	抗折强度、密度、燃烧性能、甲醛释放量	GB 50354—2005 GB 50325—2010	
硅酸钙复合地板	密度、燃烧性能、甲醛释放量、耐磨性	GB 50354—2005 GB 50325—2010	
塑胶地板	燃烧性能 B1 级、总挥发性有机物、拉伸断裂强度	GB 50354—2005 GB 50325—2010	居室、厨房、公共区域地面板
橱柜板	甲醛释放量	GB 50325—2010	
硅酸钙复合门	甲醛释放量	GB 50325—2010	室内套装门
防水涂料	拉伸强度、断裂伸长率、固含量、低温柔性、不透水性、游离 TDI、挥发性有机化合物（苯＋甲苯＋乙苯＋二甲苯）	JGJ 298—2013	室内卫生间防水
自流平水泥	流动性、24h 抗压强度、24h 抗折强度		卫生间、厨房防水保护层
乳胶漆	VOC（苯、甲苯、乙苯、二甲苯、游离甲醛）、可溶性重金属	GB 50325—2010	
粉刷石膏	凝结时间、抗压强度、抗折强度	DB11/T 696—2009	
耐水腻子	容器中的状态、施工性、干燥时间、黏结强度、放射性、挥发性有机化合物	DB11/T 850—2011	
电线	电阻值、截面积	GB 50411—2007	室内穿线
吸顶灯	初始光效、镇流器能效值、灯具效率、谐波含量值	DB11/1340—2016	
铝塑复合管	1h 静液压、爆破压力、管环剥离力	京建材（2008）718 号文	
PE-RT 地暖加热管	1h 静液压	京建材（2008）718 号文	
散热器	金属热强度、单位散热量	DB11/1340—2016	卫生间采暖设备
橡塑保温管	热导率、密度、燃烧性能	DB11/1340—2016	给水管道防结露、保温使用

5.2.2.3 材料摆放

① 特殊情况下，对当天没能验收的材料要及时报告项目经理，同时做好材料的苫盖及安全防护措施，防止材料的损毁、丢失。

② 对于库房内或施工现场易受潮的材料，如粉刷石膏、耐水腻子、抹灰砂浆等，要做好特殊的防护措施，确保苫盖严密，捆扎结实。

③ 针对不同的部品，临时摆放时应根据部品特性采取针对性措施。墙板、地板应当两块板一组面层相对平放，摆放层数不宜过多，防止受损伤；集成门、窗套、橱柜、马桶等定制类成品在安装前不得拆除包装，不得在室外堆放，产品进场后应根据部品编码及时分房间入户。

5.3 装配式隔墙部品施工（附视频）

扫码看视频

装配式隔墙
部品施工

5.3.1 技术准备

熟悉施工图纸与现场，做好技术、环境、安全交底。

5.3.2 材料准备、要求

① 以优质的连续热镀锌板带为原材料，经冷弯工艺轧制而成的建筑用金属骨架。规格：天地龙骨为 U 形 50mm 龙骨；竖向主龙骨为 C 形 50mm 龙骨；横向龙骨为 C 形 38mm 龙骨。

② 辅料：塑料膨胀螺栓、自攻螺丝钉。

5.3.3 施工工具

冲击钻、手锤、充电手枪钻、水平仪、墨盒等。

5.3.4 作业条件

施工部位放线完成。

5.3.5 施工流程

弹线→安装天地龙骨→安装竖向边框龙骨→安装竖向龙骨→门、窗口加固→安装一侧横向龙骨→水电管线预理→填充岩棉→安装另一侧横向龙骨。

5.3.6 操作工艺

① 弹线、分档：在隔墙与上、下及两边基体的相接处，应按龙骨的宽度弹线找方正。弹线清楚，位置准确。按设计要求，结合罩面板的长、宽分档，以确定竖向龙骨、横撑及附加龙骨的位置。

② 安装天地龙骨：先检查一下天地龙骨的弯曲度，然后沿弹线位置安装天地龙骨。使用塑料膨胀螺栓安装，先将龙骨两端头固定，第一个固定点距离端头不大于 100mm，再依次固定中间部分，固定点间距不应大于 600mm。安装应牢固，龙骨对接应保持平直（图 5-23）。

③ 安装竖向边框龙骨：施工步骤同安装天地龙骨。

图 5-23　安装天地龙骨

④ 安装竖向龙骨：竖向龙骨使用自攻螺丝钉安装于天地龙骨槽内，安装应垂直，龙骨间距不应大于 400mm 且须依据设计图纸安装，在排布龙骨时应避开水电预埋端口。门窗上下位置和横档交接处也应按 400mm 间距均匀分布添加竖龙骨（图 5-24）。

⑤ 门、窗口应采用双排竖向龙骨加固，双排竖向龙骨采用口对口并列形式。壁挂空调、电视、热水器、吊柜、集分水器、散热器、排油烟机、门顶、窗帘杆等安装位置根据设计图纸进行加固。

⑥ 安装一侧横向龙骨、电线预埋管和给水配套施工。为了便于隔墙填充岩棉板，故先安装一侧横向龙骨，应先安装居室一侧的横向龙骨。从墙板安装的下端向上 120mm 左右中心线安装第一根，最上面从墙板上段向下 100mm 中心线安装最高一根横向龙骨，中间均匀分布且间隔不超过 600mm 间距。在门头和窗户上下位置最少应均匀分布 2 根以上横向龙骨，且未能和其他横向龙骨连接的一根向两侧多延伸出 50～100mm。在安装横向龙骨的同时应安装好水电预埋件，确认好水电管线走向和预埋板的位置，横向龙骨应避开有冲突的位置（图 5-25）。

图 5-24　安装竖向龙骨

⑦ 填充隔声材料。在竖向龙骨的空间内填充岩棉或玻璃纤维，推荐袋装密封的隔声材料。填充时应尽量密实，隔声材料的填充应从结构地面到结构顶面，在卫生间侧应有防潮隔湿的措施（图 5-26）。

⑧ 安装另一侧横向龙骨。参照已安装的一侧横向龙骨的对称位置在另一侧安装好横向龙骨。结构墙和已填充的墙体上只安装一次横向龙骨，不安装竖向龙骨（图 5-27）。

5.3.7　注意事项

① 轻钢龙骨入场，存放和使用过程中应妥善保管，保证不变形、不污染、无损坏。

(a)

(b)

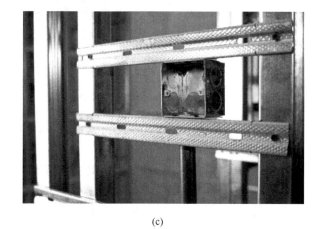

(c)

图 5-25 安装横向龙骨

(a)

(b)

图 5-26 填充岩棉

图 5-27　安装另一侧横向龙骨

② 轻钢骨架连接不牢固，其原因是局部节点不符合构造要求，安装时局部节点应严格按图上的规定处理，固定间距、位置、连接方法应符合设计要求。

③ 固定横向龙骨时两端龙骨内需放置塑料垫块，以避免上自攻螺丝时力量过大造成龙骨变形。

④ 龙骨在现场切割时，应在切割面刷防锈漆处理。

5.3.8　技术要求

装配式隔墙技术要求见表 5-4。

表 5-4　装配式隔墙技术要求

项　目	技术要求
垂直度	≤3mm
平整度	≤3mm
填充物	紧密、充实、无下坠

5.4　装配式墙面部品施工（附视频）

扫码看视频

装配式墙面部品施工

5.4.1　技术准备

熟悉施工图纸与现场，做好技术、环境、安全交底。

5.4.2　材料准备、要求

① 采用 10mm 厚复合墙板部品，其饰面层采用 UV 漆涂装或覆膜。板

材侧面开槽以满足工字形铝型材密拼插接使用。标准板宽900mm，长度根据设计图纸定制。

② 工字形铝型材、钻石形阳角条应有产品质量合格证。外观应表面平整，棱角挺直，过渡角及切边不允许有裂口和毛刺，表面不得有严重的污染、腐蚀和机械损伤。

③ 辅助材料：小头燕尾螺丝、磷化自攻螺丝钉、结构胶等。

5.4.3　施工工具

充电手枪钻、红外线水平仪、结构胶枪、人字梯、手套、切割机等。

5.4.4　作业条件

隔墙、水电等隐蔽工程已验收完毕，地面模块铺设完毕。

5.4.5　施工流程

墙板预排→确认起铺点→打胶→铺设墙板→插入工字形铝型材→固定工字形铝型材→依次铺设墙板。

5.4.6　施工步骤

① 根据排版图整理好材料，了解安装技术要求和安装质量要求。按图纸编号，从小到大编号依次安装墙板，整理材料时也应从小到大依次整理好墙板，并核对尺寸。

② 检查板子两侧拉槽内是否有异物堵塞，若有，应用美工刀疏通插槽（图5-29）。

③ 从一侧开始安装墙板。从一个房间内阳角位置（如无阳角则从阴角位置）、门边、窗边开始安装第一块墙板，墙板平面接缝处采用工字形铝型材，阳角处采用钻石形铝型材，使用小头燕尾螺丝与横向龙骨连接，螺丝头要沉入横向龙骨凹槽内，以免影响下一块墙板安装。接口尽量留着平面，不应留在阴角位置，否则胶固化后缝隙不能调整。安装墙板时，先检查墙板需要安装的位

图5-28　墙板预排

置是否有水电预埋口，如有需要，在该位置开好相应的孔洞。确认安装位置尺寸合适后，按照水平方向间隔300mm且同一块板不少于2点，将硅酮（聚硅氧烷）结构密封胶以点状涂于横向龙骨上，每个胶点预计5～8g（8mm膏体挤出20～25mm长度），如图5-30所示。

④ 扣上工字形铝材，把背部长翼留在外面。贴好墙板，确认好和上一块墙板的缝隙严密后，在板竖边垂直情况下，用$\phi 3.5mm \times 13mm$十字平头燕尾螺丝把工字形铝材长翼固定在横向龙骨上（图5-31）。

⑤ 清理：用软布擦拭表面，注意有无胶打到外面的情况，并清理干净。

5.4.7　注意事项

① 铺设前应根据图纸要求按墙板编号依次铺设。

② 无阳角时，有门、窗、主题墙、背景墙、造型口等特殊位置时，以门、窗、主题墙、背景墙、造型口等特殊位置的两侧左右排布。

图 5-29 板缝处理   图 5-30 墙板固定

(a)

(b)

(c)

图 5-31 墙板安装

5.4.8 技术要求

装配式墙面技术要求见表 5-5。

表 5-5 装配式墙面技术要求

项　　目	技术要求/mm
立面垂直度	≤3
表面平整度	≤3
阴阳角方正度	≤3
压条直线度	≤2
接缝直线度	≤2
接缝高低差	≤1

5.5 装配式吊顶部品施工（附视频）

5.5.1 技术准备

熟悉施工图纸与现场，做好技术、环境、安全交底。

5.5.2 材料准备、要求

几字形铝合金龙骨、上字形铝合金龙骨、吊顶硅酸钙复合板。

5.5.3 施工工具

卷尺、铅笔、3 级配电箱、切 45°角锯、人字梯、平板锉、手套等。

5.5.4 作业条件

① 隐蔽验收合格。

② 设备固定吊件安装完毕。

③ 灯位、通风口位置确定。

④ 墙板安装完毕，墙板和顶板之间的岩棉用硅酸钙毛板封堵后才可进行吊顶的安装工作。

5.5.5 施工流程

预排时按图复核编码→安装几字形铝型材→安装顶板→安装上字形铝型材→依次安装。

5.5.6 施工步骤

① 切割龙骨。根据房间净空尺寸，龙骨阴角部位切割 45°角。切割部位如有毛刺，可用平板锉轻轻把毛刺清除。角要密拼严密，不得出现高低不平现象。上字形切割尺寸比净空尺寸短 5mm 为宜（图 5-32）。

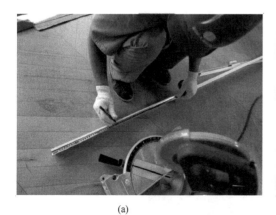
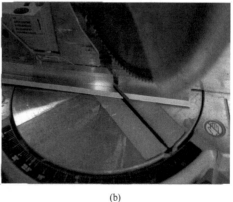

(a)   (b)

图 5-32　精切龙骨

② 安装边龙骨。几字形龙骨卡入墙板内，要牢固到位，45°角要对接严密。

③ 边龙骨安装完毕后，开始安装顶板和上字形龙骨。第一块板的一边搭在边龙骨上，另一边插入上字形龙骨的槽内，依次类推。安装顶板时，工人要戴手套，防止把顶板摸脏（图 5-33）。

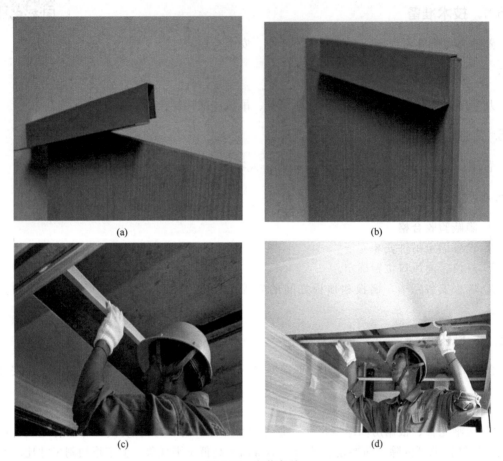

(a)

(b)

(c)

(d)

图 5-33　安装龙骨

④ 安装完顶板后，要仔细检查龙骨和龙骨、龙骨和顶板的搭接是否严密（图 5-34）。

图 5-34　安装完顶板后进行检查

5.5.7 注意事项

为了确保几字形铝型材能够安装，所有墙板上沿必须水平一致。硅酸钙复合板安装要一次成活，一次成优，忌反复拆改。

5.5.8 技术要求

装配式吊顶技术要求见表5-6。

表 5-6　装配式吊顶技术要求

项　　目	技术要求/mm
平整度	≤2
接缝直线度	≤3
接缝高低差	≤1

5.6 装配式架空地面部品施工（附视频）

扫码看视频

装配式架空
地面部品施工

5.6.1 技术准备

熟悉施工图纸与现场，做好技术、环境、安全交底。

5.6.2 材料准备、要求

① 标准模块：主要由支撑镀锌钢板架空部件、高密度硅钙板保护部件以及相应的地脚扣件等配套部件组成。模块定宽400mm，长度可根据设计图纸和订货清单定制。

② 非标准块：长度、宽度均可为非标准。运至现场的非标准块，保护板已经固定好。

③ 模块专用调整地脚分平地脚（中间部位用）和斜边地脚（边模块用）两种，并匹配调节螺栓（50mm、70mm、100mm、120mm四种规格），每个调整螺栓底部均设置橡胶垫。橡胶垫具有防滑和隔声功能，安装时不能遗失。

④ 连接件扣件及螺钉（$\phi4mm\times16mm$）。

⑤ 安装辅料：安装时需匹配发泡胶、布基胶带、米字纤维固定螺丝等。

⑥ 地板：采用10mm厚复合地板部品，其饰面层采UV漆涂装。板材侧面开槽以满足工字形铝型材密拼插接使用。标准板宽600mm，长度可根据设计图纸定制。

⑦ 工字形铝型材：应有产品质量合格证，外观应表面平整，棱角挺直，过渡角及切边不允许有裂口和毛刺，表面不得有严重的污染、腐蚀和机械损伤。

⑧ 踢脚线：采用木塑材质，应有产品质量合格证，外观应表面平整，切边不允许有裂口和毛刺，表面不得有严重的污染、腐蚀和机械损伤。

5.6.3 施工工具

3级配电箱、角磨机（金属切割片、石材切割片）、$\phi25mm$开孔器、充电手枪钻、胶枪（结构胶）、卷尺、中号记号笔、美工刀。

5.6.4　作业条件

吊顶湿作业完成；隔墙竖龙骨完成；地面水电管安装完成；排水安装完成。

5.6.5　施工流程

清理工作面→标记水平高度→整理架空模块→装配架空模块→架空模块精调→孔缝封堵→按图复核地板编码→地板预排→铺设地板→安装踢脚板→清理。

5.6.6　施工步骤

① 清理工作面，对将要施工的工作面进行清理，不堆放与施工无关的材料和物品，并对土建施工楼板和室内地面进行清理及清扫，建议用吸尘器除尘。

② 用红外线水平仪对水平线进行标注，减去地板等地面铺设高度后确认模块施工完成面的高度（现场勘测时应对地面平整度和完成面高度等数据进行采集）。

③ 按图纸和编号分区域和编号顺序整理好架空模块，地面应按图纸要求顺序进行铺设。

④ 将边模块（型钢架空模块）安装好地脚调整螺丝后，从边部开始铺设模块，支撑另一边时先调好模块两端和中间一个共 3 个地脚。其他地脚参照执行，整体托起模块。此时调整规则应略低于预期目标线 0.5mm 左右（图 5-35）。

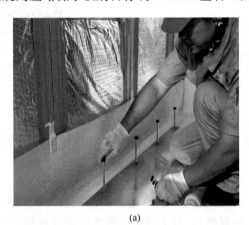
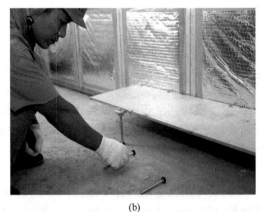

(a)　　　　　　　　　　　　　　　　(b)

图 5-35　安装调整脚

⑤ 铺设前核对室内净空尺寸是否和图纸标示相符，然后根据图纸的编号核对管道，通过缺口相对应的规则依次铺设模块，铺设此块模块时，架空模块后应紧接着用模块连接扣件固定此模块和上一模块的连接边，并用螺丝锁定，然后再铺设下一模块（图 5-36）。

⑥ 将该区域最后一块模块安装好，并仔细调整好水平高度（图 5-37）。

⑦ 水平高度调整好后，使用布基胶带封堵孔缝（图 5-38）。

⑧ 使用吸尘器对施工工作面进行清理，施工工作面没有不相干材料和其他部品（图5-39）。对已完成的墙板采取有效保护措施。

⑨ 依据图纸进行地板预排，核对部品编号、规格等信息。

⑩ 铺设地板，每块地板铺设前应当使用美工刀清理地板两侧凹槽，防止有杂物落入。在地板背面使用少量硅酮（聚硅氧烷）结构胶打点，保证地板四角及中心有胶点（图5-40）。按预排部位粘贴在基层面上。

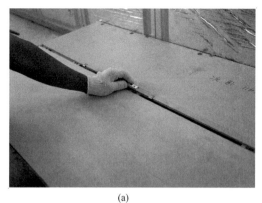
(a)

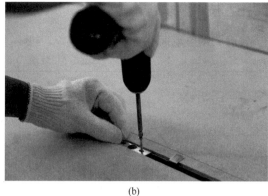
(b)

图 5-36　连接模块

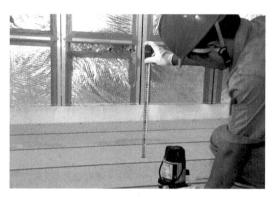
图 5-37　检测调平

图 5-38　用布基胶带封堵孔缝

图 5-39　清理模块表面

图 5-40　点粘固定

⑪ 在工字形铝型材背面间隔 300mm 使用硅酮（聚硅氧烷）结构胶设置胶点，插入地板侧边凹槽内。

⑫ 地板铺设完成后，铺设踢脚线。踢脚线背面间隔 150mm 设置胶点，粘贴在墙板上，在阴角、阳角处使用专用踢脚线阴角套和阳角套连接。

5.6.7　注意事项

架空系统每平方米静荷载极限为 1.0t，码放物品时请勿超过此质量。

5.6.8　技术要求

装配式架空地面技术要求见表 5-7。

表 5-7　装配式架空地面技术要求

项　　目	技术要求/mm
地脚部件间距	≤400
20 系列超薄架空系统	≤300
板面缝隙宽度	±0.5
表面平整度	≤2
地板面缝隙平直度	≤2
踢脚线上口平齐	≤2
相邻板材高差	≤0.5

5.7　集成采暖地面部品施工（附视频）

扫码看视频

装配式集成采
暖部品施工

5.7.1　技术准备

熟悉施工图纸与现场，做好技术、环境、安全交底。

5.7.2　材料准备、要求

① 发热块：主要由支撑镀锌钢板架空部件、阻燃聚苯板保温部件、高密度硅钙板保护部件、地暖管部件以及相应的地脚扣件等配套部件组成。发热块定宽 400mm，长度可根据设计图纸和订货清单定制。

② 非标准块：除不含有地暖管部件外，其他部件完全同发热块。非标准块的长度、宽度均可为非标准。运至现场的非标准块，保护板已经固定好。

③ 模块专用调整地脚分平地脚（中间部位用）和斜边地脚（边模块用）两种，并匹配调节螺栓（50mm、70mm、100mm、120mm 四种规格），每个调整螺栓底部均设置橡胶垫。橡胶垫具有防滑和隔声功能，安装时不能遗失。

④ 连接件扣件及螺钉（ϕ4mm×16mm）。

⑤ 安装辅料：安装时需匹配发泡胶、布基胶带、地暖管套管、米字纤维固定螺丝等。

5.7.3　施工工具

红外线水平仪、墨盒、卷尺、一字螺丝刀、十字螺丝刀、美工刀、充电手枪钻、铅笔、2m 长靠尺、3 级配电箱、扫把、搓子、吸尘器、地暖管切割剪等。

5.7.4　作业条件

① 铺设地板模块前，应完成架空层内的所有水及电管敷设并且经过隐蔽验收。

② 为防止灰尘落入架空层和污染模块面层，墙面龙骨安装完成、顶棚湿作业用砂纸打磨完后才可进行模块的铺装工作。

③ 卫生间地面防水需涂刷完毕并做闭水试验，闭水试验合格。

④ 打胶时施工的环境温度不应低于5℃。

5.7.5 施工流程

按图复核编码→预排→安装地脚螺栓→安装地暖模块连接扣件→铺设采暖管/盖保护板→模块精确调整水平→墙面四周缝隙填充→模块间缝隙粘贴布基胶带→打压试验。

5.7.6 施工步骤

① 清理房间。用扫把和吸尘器清理地面，确保地面干净整洁（图5-41）。

图5-41 清理地面

② 复核房间内1m水平线的准确度。按设计标高要求，1m水平线向下量出地暖模块完成面尺寸（1000mm加地板厚度），在墙上画好点位并弹模块完成面线（图5-42）。测定所需调整螺丝的长度规格及数量。

③ 如墙板或墙面其他材料已完成，应用防护材料保护好墙板。

④ 按图纸排布铺设地暖模块。

(a)   (b)

图5-42 复核标高

按照图纸复核编号及尺寸，按序号排列（图5-43）。

⑤ 安装调节螺栓，根据地面平整度来确定调节螺栓长度，不能过短或过长。模块初步调整水平度，模块的上平面要稍微低于墙面弹好的模块完成面，这样给最后大面积调平创造

(a)　　　　　　　　　　　(b)

图 5-43　复核模块编号

快速的条件（图 5-44）。

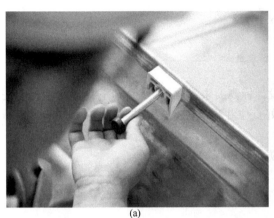

(a)　　　　　　　　　　　(b)

图 5-44　安装调节螺栓

⑥ 地脚应参照图纸及规定设置，间距不大于 400mm。可调节地脚组件应按设计要求的位置进行布设，间距允许偏差为±5mm。如地面有管道或其他障碍物，可左右适当移动。如地脚间距超过 400mm，可在中间部分补加。地面架空高度应符合设计要求，高度允许偏差为±5mm。安装调整脚如图 5-45 所示。

⑦ 安装地暖模块连接扣件并用螺丝和地脚拧紧。为防止边模块翘起，扣件螺钉不要上得过紧（图 5-46）。

⑧ 地暖模块铺好后，检查房间四周离墙距离是否符合设计图纸要求。

⑨ 按设计图纸走向铺设采暖管，接入分集水器位置留量要充足。每路管都应做好区域和供回水标记，以便接分集水器。地暖加热管管径、间距和长度应符合设计要求，间距允许偏差为±10mm（图 5-47）。

⑩ 每个模块暖管过渡部位都应放置 15cm 长的波纹管对地暖管给予保护。地暖管排布如图 5-48 所示。

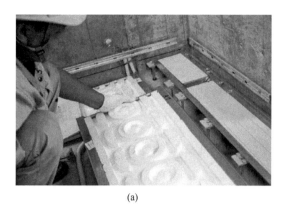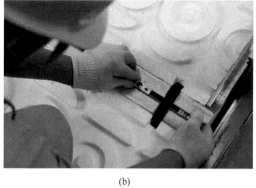

(a) (b)

图 5-45　安装调整脚

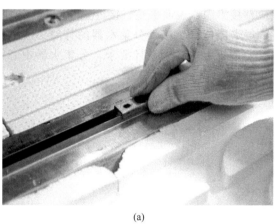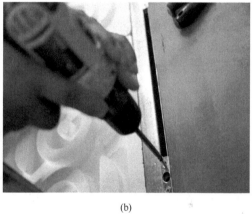

(a) (b)

图 5-46　模块连接

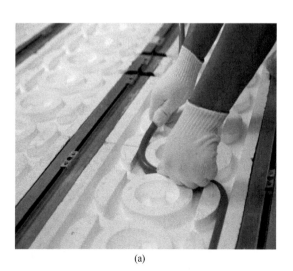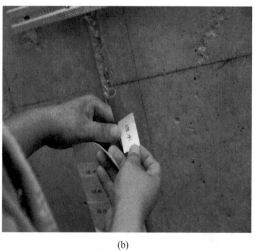

(a) (b)

图 5-47　地暖管标识

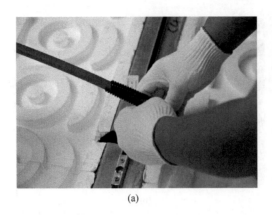
(a)

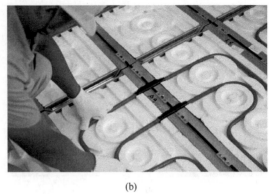
(b)

图 5-48　地暖管排布

⑪ 铺设采暖管时应按照先里后外、逐步铺向集分水器的原则。随铺随盖保护板，并用专用卡子卡牢（图 5-49）。平衡层与地暖模块应粘接牢固、表面平整、接缝整齐。

⑫ 每路主管从架空层下穿过其他区域到达集水器位置。接入分集水器的管路穿波纹管保护（图 5-50）。地暖分集水器的型号、规格及公称压力应符合设计要求，分集水器中心距地面不小于 300mm。

图 5-49　覆盖保护板

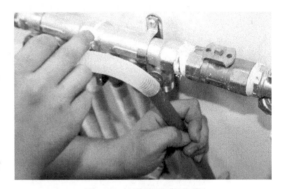
图 5-50　连接分集水器

⑬ 模块全部铺完后用红外水平仪再精确调整水平，用 2m 靠尺仔细检查是否平整，达到验收标准（图 5-51）。

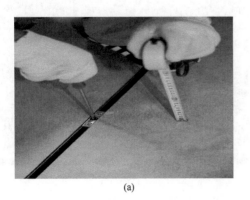
(a)

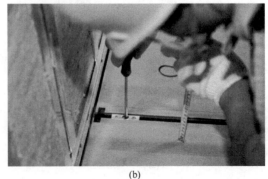
(b)

图 5-51　测量调平

⑭ 检测无误后，墙面四周缝隙用发泡胶间接填充，防止模块整体晃动。模块缝隙用布基胶带封好。

⑮ 铺设地板前应连接分集水器且进行打压试验，打压试验验收合格并做好隐蔽验收记录后方能铺设面层地板。

5.7.7　注意事项

① 敷设于地暖模块内的地暖加热管不应有接头。
② 地暖模块上严禁垂直打入钉类或钻孔，以防破坏模块内地暖管。
③ 架空系统每平方米静荷载极限为 1.0t，码放物品时请勿超过此质量。
④ 地暖模块及管铺设完成后应做打压试验并做好记录，全部合格才能进行下步工序。

5.7.8　技术要求

集成采暖地面技术要求见表 5-8。

表 5-8　集成采暖地面技术要求

项　　目	技术要求/mm
地脚部件间距	≤400
板面缝隙宽度	±0.5
表面平整度	≤2
相邻地板板材高差	≤0.5

5.8　集成门窗施工（附视频）

扫码看视频

集成门窗部品施工

5.8.1　型钢复合窗套技术准备

熟悉施工图纸与现场，做好技术、环境、安全交底。

5.8.2　型钢复合窗套材料准备、要求

门体加工制作的型号、数量及加工质量必须符合设计要求，有出厂合格证。

5.8.3　型钢复合窗套施工工具

充电手电钻、红外线水平仪、榔头、发泡胶/枪、结构胶枪、卷尺、中号记号笔。

5.8.4　型钢复合窗套作业条件

① 墙板安装完成并验收合格。
② 外窗/门安装完成。

5.8.5　型钢复合窗套施工流程

清理工作面→核对洞口尺寸→组装窗套→固定门窗套。

5.8.6　型钢复合窗套施工步骤

①　应对施工工作面进行整理，施工工作面无不相干材料和其他部品，清理门窗洞内阻碍安装的残余水泥或其他建筑残渣，检查外窗是否有渗漏现象（图5-52）。

②　核对洞口尺寸和测量尺寸是否有偏差，测量部件建材是否具备安装空间（图5-53）。

图5-52　窗洞清理

图5-53　复核图纸

③　把各部件（横竖窗套）在地上按安装位置围拢并组合好，用榔头敲密合指叉咬合齿，在洞口试装，然后在两侧板和地板下打结构胶，在空当地方打发泡胶，横头处打发泡胶。拼装加固窗如图5-54所示。

(a)

(b)

(c)

图5-54　拼装加固窗套

④　对于较宽洞口的窗户用木方支撑起中间，不要让窗套中间位置下垂。

5.8.7　铝-硅酸钙复合门技术准备

熟悉施工图纸与现场，做好技术、环境、安全交底。

5.8.8　铝-硅酸钙复合门材料准备、要求

①　门体加工制作的型号、数量及加工质量必须符合设计要求，有出厂合格证。

②　墙体中用于固定门框的预埋件、木砖和其他连接件应符合设计要求。

③　小五金及其配件的种类、规格、型号必须符合图纸要求，并与门框扇相匹配，产品

质量必须优质。

5.8.9 铝-硅酸钙复合门施工工具

充电手电钻、红外线水平仪、榔头、发泡胶/枪、卷尺、中号记号笔。

5.8.10 铝-硅酸钙复合门作业条件

① 墙板安装完成；建议地板安装完成后再安装户内门（套）。

② 门框进入施工现场前必须进行检查验收。门框和扇安装前应先检查型号、尺寸是否符合要求，有无窜角、翘扭、弯曲、劈裂，如有以上情况应先进行修理。

5.8.11 铝-硅酸钙复合门施工流程

清理工作面→核对洞口尺寸→组装门套→安装门扇→调整门套位置→打发泡胶固定→安装锁具→安装门顶→粘贴防撞密封条。

5.8.12 铝-硅酸钙复合门施工步骤

① 根据图纸确定门的规格、开启方向及小五金型号、安装位置，对门洞进行清理，测量尺寸是否符合安装要求；拆除保护包装膜，保留正面保护膜，扣上门套并用粘贴在门套背面的螺丝把横套和竖套连接在一起（应在门洞内完成安装连接），如图 5-55 所示。

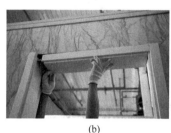

(a)	(b)	(c)

图 5-55 拼装门套

② 立框安装：首先将连接件固定于横立框连接处，确定方向之后，先使钢框上端入墙，随后按顺序将下端推入墙内，注意不要划伤墙板。另一边做法同上。

③ 上框安装：立框完成且呈 V 字形，保证框间宽度上大下小，之后将横框上推到位，推框时避免划伤饰面，横框到位后随即每边用双钉固定于连接块上。

④ 三边门框完成后初调方正和垂直，每边用 2 个钉子临时固定，然后把门扇安装在门套上。注意合页侧的高低位置，门套和门扇上口留 2～2.5mm 间隙；闭合门扇，调整门套垂直和水平，使得门扇与门套上口保持 2～2.5mm 的间隙，锁侧保持 2.5～3mm 的间隙，门扇下口和地板间隙在 5～9mm 以内为宜，并做简单固定。

⑤ 打开门扇，从门套防撞条位置的孔洞内打适量发泡胶，关闭门扇，在门扇各边缝隙内垫好相应厚度的物品。根据室温 5℃时 8h、20℃时 3h 左右确定固化时间（图 5-56）。

⑥ 待胶水发硬固化后安装好锁具，同时安装好门顶，清理发泡胶溢出物；粘贴防撞密封条；闭合门扇，观察锁具的锁舌松紧程度，调整锁舌槽的位置。安装五金如图 5-57 所示。

图 5-56　加固门套

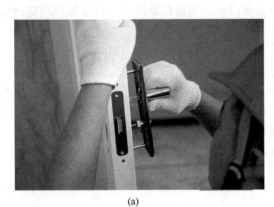

(a)

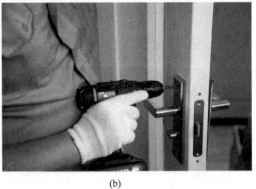

(b)

图 5-57　安装五金

5.8.13　集成门安装技术要求

集成门安装技术要求见表 5-9。

表 5-9　集成门安装技术要求

项　次	项　目		允许偏差、留缝宽度/mm	
			Ⅰ级	Ⅱ级、Ⅲ级
1	框的正、侧面垂直度		2	
2	框对角线长度差		2	3
3	框与扇、扇与扇接缝处高低差		2	
4	门扇对口和扇与框间留缝宽度		1.5～2.5	
5	框与扇上缝留缝宽度		1.0～1.5	
6	门扇与地面间留缝宽度	外门	4～5	
		内门	6～8	
		卫生间门	10～12	
7	门扇与下槛间留缝宽度	外门	4～5	
		内门	3～5	

5.9 集成卫浴部品施工（附视频）

5.9.1 热塑复合防水底盘技术准备

熟悉施工图纸与现场，做好技术、环境、安全交底。

5.9.2 热塑复合防水底盘材料准备和要求

① 热塑复合防水底盘。
② 专用地漏。
③ 防霉硅酮（聚硅氧烷）结构胶。

5.9.3 热塑复合防水底盘施工工具

沙袋、盒尺、十字螺丝刀、吸尘器等。

5.9.4 热塑复合防水底盘作业条件

① 如设计有地暖的卫生间，地暖管敷设完毕，打压验收完成。
② 打胶时施工的环境温度不应低于5℃。
③ 粘接基层应保证设置有足够的排水坡度。

5.9.5 热塑复合防水底盘施工流程

清理基层→预铺设底盘校验→地面打胶→铺设防水底盘→与同层排水系统连接。

5.9.6 热塑复合防水底盘施工步骤

① 在粘接前应清除地板模块上的垃圾、浮灰、附着物，特别是油漆、涂料、油污等有机物必须清除干净。
② 防水底盘预铺，复核尺寸。铺设完成后防水底盘边沿应当在墙板完成面内，距墙板完成面不小于15mm。预留孔洞与同层排水专用地漏底座尺寸、位置无偏差。

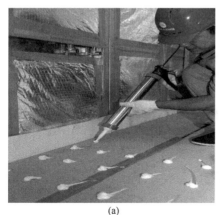
(a)

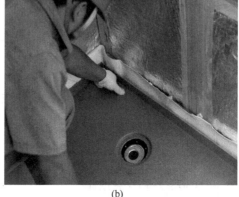
(b)

图 5-58 点粘底盘

③ 防水底盘铺设，在基层表面间隔 100mm 使用硅酮（聚硅氧烷）结构胶设置胶点，按照预铺结果将防水底盘粘接在基层面上，保证预留孔洞上下吻合（图 5-58）。

④ 使用螺丝连接同层排水专用地漏底座与防水底盘。安装地漏如图 5-59 所示。

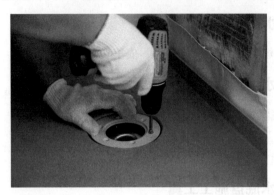

图 5-59　安装地漏

⑤ 将沙袋均匀布置在防水底盘上并压实。

5.9.7　热塑复合防水底盘注意事项

防水底盘预留孔洞与同层排水专用地漏底座不得有偏移。防水底盘是在工厂依据定尺尺寸一次性整体加工而成的，现场不得随意裁切、开孔。

5.9.8　热塑复合防水底盘技术要求

淋浴底盘外观无破损、毛刺、固化不良、变形等缺陷，防水无渗漏。

5.9.9　防水防潮膜技术准备

熟悉施工图纸与现场，做好技术、环境、安全交底。

5.9.10　防水防潮膜材料准备、要求

（1）PE 防水防潮膜　符合质量要求，无明显缺陷。

（2）安装辅料　钉型胀塞、防水胶粒等。

5.9.11　防水防潮膜施工工具

充电手电钻、红外线水平仪、美工刀、卷尺、扫把、记号笔等。

5.9.12　防水防潮膜作业条件

隔墙轻钢龙骨施工完毕通过验收；地面架空模块施工完毕。

5.9.13　防水防潮膜施工流程

清理基层→尺寸预排→裁剪 PE 膜→固定→开孔。

5.9.14　防水防潮膜施工步骤

① 清理墙面基层。

② 使用盒尺测量墙面高度和房屋周长。根据测量所得尺寸裁切 PE 膜。

③ 在 PE 膜表面，自上而下使用带有止水胶圈的钉型胀塞（燕尾螺丝）固定 38mm 横向轻钢龙骨。横向轻钢龙骨要求竖向间距不大于 600mm，钉型胀塞间距不大于 400mm。下端横向龙骨距离完成面不大于 100mm，上端横向龙骨距离顶面完成面不大于 100mm。固定时要保证 PE 膜表面平整。安装 PE 膜如图 5-60 所示。

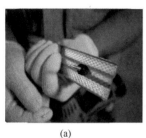 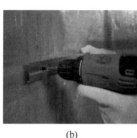 

(a)　　　　　　　　　　(b)　　　　　　　　　　(c)

图 5-60　安装 PE 膜

④ 固定完毕后根据预留门窗洞口、水电点位的位置和尺寸在 PE 膜上开孔洞。

5.9.15　防水防潮膜注意事项

保证 PE 膜与防水底盘有 40mm 的搭接，使用蛇胶粘接在防水底盘上。

5.9.16　防水防潮膜技术要求

PE 膜无破损，表面平整。

5.10　集成厨房部品施工

5.10.1　装配式吊顶部品施工

集成厨房采用的装配式吊顶，其施工工艺与本章 5.5 节相同。

5.10.2　装配式墙面部品施工

集成厨房采用的装配式墙面部品，其施工工艺与本章 5.4 节相同。

5.10.3　装配式集成采暖部品施工

集成厨房采用的装配式集成采暖部品，其施工工艺与本章 5.6 节相同。

5.10.4　装配式地板部品施工

集成厨房采用的装配式地板部品，其施工工艺与本章 5.7 节相同。

5.10.5　橱柜安装技术准备

熟悉施工图纸与现场，做好技术、环境、安全交底。

5.10.6　橱柜安装材料准备、要求

（1）橱柜柜体　橱柜柜体无损伤等缺陷。

（2）橱柜五金件　小五金及其配件的种类、规格、型号必须符合图纸要求，并与门框扇相匹配，且产品质量必须是优质产品。

5.10.7　橱柜安装施工工具

充电手枪钻、红外线水平仪、卷尺、手套等。

5.10.8　橱柜安装作业条件

厨房吊顶、墙板、地板施工完毕。

5.10.9　橱柜安装施工流程

清理墙面→安装吊柜挂件→连接吊柜吊码与挂片→安装地柜柜体→安装面板、把手→安装台面→安装踢脚板。

5.10.10　橱柜安装施工步骤

① 在施工前应将有橱柜安装的墙面、地面清理干净。

② 根据预留位置安装吊柜挂片。安装吊柜挂片如图5-61所示。

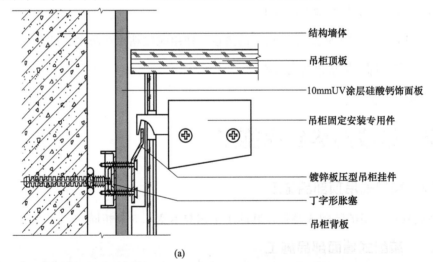

结构墙体

吊柜顶板

10mmUV涂层硅酸钙饰面板

吊柜固定安装专用件

镀锌板压型吊柜挂件

丁字形胀塞

吊柜背板

(a)

(b)

(c)

图5-61　安装吊柜挂片

③ 连接吊柜吊码与挂件（图 5-62）。

④ 安装地柜（图 5-63）。

图 5-62　安装吊柜

图 5-63　安装地柜

⑤ 安装五金（图 5-64）。

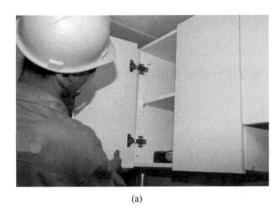

(a)

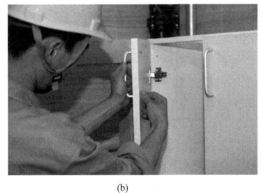

(b)

图 5-64　安装五金

5.10.11　橱柜安装注意事项

安装橱柜时应做好墙面、地面成品保护，避免造成损伤。

5.10.12　橱柜安装技术要求

橱柜安装技术要求见表 5-10。

表 5-10　橱柜安装技术要求

项次	项　目	允许偏差/mm
1	外形尺寸	3
2	立面垂直度	2
3	门与框架的平行度	2

扫码看视频

5.11 集成给水部品施工（附视频）

集成给水
部品施工

5.11.1 技术准备

熟悉施工图纸与现场，做好技术、环境、安全交底。

5.11.2 材料准备、要求

（1）卡压式铝塑复合给水管 定尺生产部品，分色正确，标签清晰。

（2）安装辅料 固定卡（座）、带座弯头、卡簧等。

5.11.3 施工工具

3级配电箱、冲击钻配6mm钻头、充电手枪钻、红外线仪、卷尺、中号记号笔。

5.11.4 作业条件

隔墙竖龙骨安装完成；吊顶主龙骨完成未封板之前。

5.11.5 施工流程

弹线安装固定卡→安装带座弯头预埋板→安装管道→固定带座弯头→连接管井分水器→扣上不锈钢卡簧→打压试验报隐蔽检验验收。

5.11.6 施工步骤

（1）给水管道弹线安装固定卡 按照图纸弹好给水管线路，在吊顶上隔500mm安装一个PVC扣卡，在相应的墙体位置间隔700～800mm安装一个PVC座卡。当在顶部与电路交叉时应在PVC扣卡加上钉形胀塞，调整PVC扣卡的水平高低（图5-65）。

图5-65 安装管卡

（2）安装管道出墙位置带座弯头预埋板 根据图纸所示位置，安装好管加固单头平板或水管加固双头弯板，应控制预埋板和龙骨完成面的形成30mm的带座弯头安装空间

（图 5-66）。

图 5-66　安装出水端口固定板

（3）安装管道、固定带座弯头　安装管道前应套好橡塑保温管，先按图纸要求固定好管道带座弯头一端，然后扣好管卡，在顶部阴角处按 180mm 直径弯曲管道成 90°，直插接头朝向主管道（图 5-67）。

（4）安装连接件　扣上不锈钢卡簧，各支管安装好后从最末段依次用承插式分水器连接好主管和各支管（图 5-68），用不锈钢卡簧扣住，并确认卡簧扣入环槽内。

（5）连接入户（管井）给水　根据管道走线把入户管道安装固定至给水管道井内。确认好连接位置，安装上内丝活接卡压件，并接入管井至水分水器内。

（6）试验压力并报隐蔽检验验收　根据技术交底要求，串联好户内各末端。在管井内或户内进行打压试验，且应用准确有效的压力表指示压力值，打压压力值应符合技术交底要求或施工技术文件要求，且保压不低于技术要求时间。

图 5-67　固定带座弯头

5.11.7　注意事项

所有管路均为定尺加工，不得裁切，分色设置给水管路。如遇顶部水电管路交叉，应设置相应吊挂件，保证电路在上，水路在下。

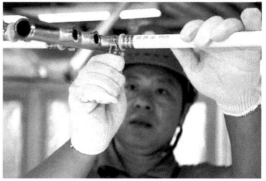

图 5-68　连接分水器

5.11.8　技术要求

安装完毕后进行打压试验。

扫码看视频

薄法同层排水部品施工

5.12　薄法同层排水部品施工（附视频）

5.12.1　技术准备

熟悉施工图纸与现场，做好技术、环境、安全交底。

5.12.2　材料准备、要求

（1）排水管　定尺加工，标签清晰。
（2）安装辅料　可调节支架，硅酮（聚硅氧烷）结构密封胶等。

5.12.3　施工主要工具

3级配电箱、角磨机、管材倒角器、胶枪（结构胶）、卷尺、中号记号笔。

5.12.4　作业条件

土建卫生间防水层和保护层完成；隔墙竖龙骨完成；排水立管完成（批量可作为施工内容）。

5.12.5　施工流程

确认排水立管→定位排水末端→摆放连接部件→安装排水支管支架→测量管道距离→连接排水末端（地漏）→连接管道并调整水平高度→排水闭水试验。

5.12.6　施工步骤

（1）排水立管的确认和施工　确认排水立管符合施工图纸要求，并对支管连接口位置进行确认。

（2）排水点位的定位　根据图纸定位好排水点位（地漏），在地面做好标记，并根据排水图纸画好排水管线位置图。

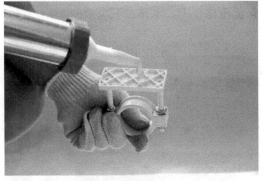

图5-69　固定排水支架

（3）排水支管支架的定位　根据水平坡度计算出排水点位的水平高低位置，并沿排水管线按塑料排水横管固定件的间距固定支架，以50管为例，支架间距不大于600mm（根据所需高度选用合适规格的支架），如图5-69所示。

（4）排水支管的装配　根据施工图纸排放好连接接头，测量所需管材，采取所需直径的管子，并对裁切两头进行倒角处理，然后在倒角处涂抹凡士林等润滑剂。插接上连接接头，组装好排水管路，根据坡度调节好支架高度并固定完成（因结构胶固化需要时间，建议调整完成后再打胶）。安装排水管及管件如图5-70所示。

(a)   (b)

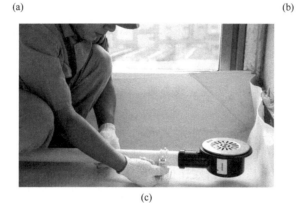

(c)

图 5-70　安装排水管及管件

（5）排水闭水试验和屏蔽验收　施工完成后应用闭水气囊把管道封堵进行闭水试验，确认无渗漏后报施工监理或质检进行隐蔽验收。

5.12.7　**注意事项**

排水部品安装时应符合规范中对于排水管坡度的要求。

5.12.8　**技术要求**

同层排水管安装技术要求见表 5-11。

表 5-11　同层排水管安装技术要求

管径/mm	最小坡度/%
50	1.2
75	0.8
110	0.6

5.13　穿插施工

5.13.1　**策划将精装修前置**

为提高效率，缩短工期，策划将精装修前置。改变传统精装修在主体结构完成后由上往下组织的方式，将精装修与主体穿插施工。不但简化了施工工序，减少了湿作业，加快了工程进度，同时也取得了良好的社会及经济效益。

5.13.2 突破点和控制点

（1）政府验收程序的突破　改变原有结构验收模式，使验收工作前置；与质监站进行有效沟通，同意按分段检测结果进行主体验收，提前进行装修。

（2）组织方式突破　精装修与主体由下往上进行，使工序搭接更充分。

（3）抓好主要控制点　外围施工无湿作业，土建与精装修界面划分内的二次结构、主管线完成，隔水措施完成并制订详细工序计划，相互影响的工序不安排在同一层施工。

5.13.3 前期策划

① 结构精度控制：预制板采用 PC 构件，二次现浇采用铝合金或大型钢膜来控制结构精度。

② 内置采用轻质快装隔墙，墙面采用各种面层在工厂加工的无机环保墙板施工。免除湿作业，减少工序并保证质量。

③ 地面采用架空模块体系，实现管线分离、模块调平、采暖、面层"四合一"，完全去除湿作业施工。

④ 给排水管道完全在工厂按订单生产完成，工人在现场即插式安装。

⑤ 图纸深化设计，提前做好装修、水电、地板模块、橱柜、收纳等深化图纸。图纸深化是精装修的前提。通过审核图纸搭建样板房，样板房验收合格后进行大面积施工。

⑥ 组织保障策划：装修和土建为穿插施工，前期涉及的协调量较大，对设计、生产、采购要求较高，必须完善组织体系，实现穿插施工的基本保障。

5.13.4 内外墙穿插施工工序及工序分解

（1）流水工序（表 5-12）

表 5-12　流水工序

分段	楼层	相对关系	室　　内	室　　外
土建	21	N	结构作业面	止水层
	20	N－1	拆模及止水层	打磨修补层
	19	N－2	外窗及主管线	外墙腻子修补
	18	N－3	二次结构现浇砌筑	外窗安装
精装	17	N－4	顶棚腻子或地面清理	
	16	N－5	放线、轻钢龙骨隔墙	
	15	N－6	厨卫墙板、模块	
	14	N－7	客卧地暖模块	
	13	N－8	门、门窗套安装	
	12	N－9	墙面板安装	
	11	N－10	户内门安装	
	10	N－11	部品安装	
	9	N－12	地面面层安装	
	8	N－13	保洁开荒	

分段	楼层	相对关系	室　　内	室　　外
交付	7	$N-14$	交付状态	
	6	$N-15$	交付状态	
	5	$N-16$	交付状态	
	4	$N-17$	交付状态	
	3	$N-18$	交付状态	
	2	$N-19$	交付状态	
	1	$N-20$	交付状态	

（2）工序分解

① N 层结构放线-PC 构件安装-构件连接钢筋绑扎-水电孔洞预留-支模板-混凝土浇筑。

② $N-1$ 层模板拆除-屋面止水-垃圾清理-结构面处理。

③ $N-2$ 层外窗、主管线安装-给水、排水、采暖、消防主管线安装。

④ $N-3$ 层地面清理放线-分户及二次结构砌筑-电线管疏通。

⑤ $N-4$ 层顶棚腻子或地面混凝土修补。

⑥ $N-5$ 层放线-轻质隔墙安装-水电管线布置-岩棉-38mm 龙骨-墙板安装。

⑦ $N-6$ 层厨卫模块安装-整体底盘安装-防水 PE 膜安装-墙板安装。

⑧ $N-7$ 层客卧墙板模块安装-地暖管安装-墙板安装-顶线安装。

⑨ $N-8$ 层门、门窗套安装-组合门窗套-安装门窗套-安装成套门。

⑩ $N-9$ 层墙面板安装；设备加强板安装-开关、插座开孔-墙板安装。

⑪ $N-10$ 层户内门安装-成套框及门安装-门锁及门吸安装。

⑫ $N-11$ 层部品安装-配电箱安装-灯具、插座安装-橱柜安装-卫生洁具安装-淋浴房安装。

⑬ $N-12$ 层地面面层安装-地面表面清理-铺面板-踢脚线安装-打胶收口。

⑭ $N-13$ 层保洁开荒-保洁达到交付条件。

⑮ $N-14$ 层等待交付。

⑯ $N-15$ 层等待交付。

⑰ $N-16$ 层等待交付。

⑱ $N-17$ 层等待交付。

⑲ $N-18$ 层等待交付。

⑳ $N-19$ 层等待交付。

㉑ $N-20$ 层等待交付。

5.13.5 穿插施工要求

（1）楼板预留洞

① 为防止上层结构施工用水漏至下层，继而影响精装修作业，各预留孔洞盒埋设时要低于楼面 20mm，直接用混凝土覆盖，待各种管道施工时再打开。

② 阳台、厨卫间部位在主管安装时从上一层接软管至下一层主管进行阳台部位的有组织排水。

③ 烟道在止水层施工时反坎并用盖板封闭止水。

（2）地坪水

① 在卫生间和厨房部位施工时反坎进行止水。

② 楼梯间水向管道井做有组织排水。

（3）室外雨水

① 外墙螺杆孔洞渗漏控制。孔洞采用发泡胶封堵，两端用干硬水泥砂浆封死。

② 门窗渗漏。门窗框四周缝隙采用干硬水泥砂浆塞缝，在洞口外侧四周分多遍涂刷防水涂料。对门窗封闭进行每日检查，实行楼层责任制。

③ 临时用水。实行楼层责任制，下班后集中关闭阀门。

（4）管理重点

① 垂直运输。由于精装修前置，增加施工电梯的运输量，因此需根据施工计划合理安排垂直运输。总包统一协调各专业分包单位使用电梯的运料时间。

② 场地设置。综合考虑设备、加工场地、预制板场地、精装材料场地等。各分包提交场地平面布置图交给总包、监理、甲方审核后实施。

③ 临时电源。总包科学布置管线和配电箱的接驳点，每层设置配电箱。

④ 工序交接。重点工序办理移交手续，移交时应符合安全文明和成品保护标准。土建移交装修单位时必须完成所有施工，包括外墙、公共部位、管井、楼梯间等。移交后该楼层由装修单位封闭管理。

⑤ 垃圾清运。各分包单位将垃圾清运到指定区域由责任人统一运走。

⑥ 精装单位对已接收的楼层进行封闭管理，在此之后其他单位进入施工时需提前申请。

（5）穿插施工效果及评价

① 工期方面。实施精装修前置穿插施工，在主体进行到 10 层时即可进场施工。结构封顶时，装修独立施工工期只需两个月时间，与传统装修相比能缩短 20％的工期。

② 人工方面。采用装配式装修技术，由装配工人进行操作，减少工人数量，降低劳动力及成本。

③ 工程进度和施工质量都有所提高，提高企业的形象。

5.14　装配式装修施工组织设计

装配式装修×项目施工组织设计（节选）如下所示。

附：装配式装修×项目施工组织设计（节选）

第一部分　项目概述

本工程是基于部品工厂加工、现场成品安装及室内住宅装修的项目，集中穿插作业情况多、工艺要求高。从施工全局出发，根据具体施工条件，做到人尽其力、物尽其用，优质、高速、低耗、有序地实现本工程的全面目标管理。

工程名称：×××住宅装配式装修工程。

工程地点：北京市朝阳区××地区。

计划工期：183 日历天。

计划开工日期：2018 年 9 月 5 日。

计划竣工日期：2019 年 3 月 7 日。

工程规模：建筑面积约 222800m²。

质量标准：合格。

① 户内厨房、卫生间装配式装修及热水器、灶具、洁具、排油烟机等部品安装。

② 户内装配式内门安装。

③ 户内装配式窗套、门套安装。

④ 户内装配式隔断及墙面安装。

⑤ 户内给排水、强弱电安装。

⑥ 户内地暖采购及安装。

⑦ 户内模块式架空采暖地面及石塑地板铺装。

⑧ 居室天棚基层处理及乳胶漆饰面。

第二部分　生产、安装实施要点

2-1　装配式装修生产、安装实施目标

一、装配式装修技术需要重点完善关键技术节点与接口

① 部品与结构之间的接口。

② 部品与部品之间的接口。

③ 部品与非标品之间的接口。

二、本项目装配式装修概念内的生产、安装的定义

1. 本项目装配式装修安装

本项目的装修模式确定为装配式装修，与项目相关的所有生产、安装工作都必须在装配式装修的概念内运行。

2. 本项目装配式装修安装原则

在现阶段，设计、结构不能完全纳入装配式装修装修，要与设计、结构、建设方、监理紧密合作，生产、安装密切配合，尽可能地提高装配式装修装修的比例，降低现场传统施工的比例。

3. 本项目基础施工的工序

包括现场勘查、深化图纸、技术交底、依图划线、地面墙顶基底施工、隐蔽工程及防水施工、抹灰找平以及刷涂料。

4. 本项目装配式装修核心部品部件的工序

包括现场勘查、二次设计、技术交底、原料购进、生产过程、成品检验、预拼装、包装运输、现场安装。

2-2　装配式装修生产、安装的实施措施

一、本项目装配式装修的范围

1. 厨房

(1) 墙面　硅酸钙复合墙板采用标准化设计、工厂加工、现场安装。

① 产品规格尺寸灵活，最大可至 1200mm×2400mm，表面颜色丰富。

② 经权威部门检测，各项指标均符合国家标准。

③ 干法安装，一组工人可在一个工作日内完成一套厨房及卫生间墙面的安装，较传统瓷砖工艺提高工效 5 倍以上，减少施工周期 4 倍以上。

④ 施工现场无污染、无垃圾，材料本身零甲醛、零放射物。

⑤ 墙面日常免维护，非正常损坏部分可单独快速拆除，局部更换。

(2) 吊顶　采用集成硅酸钙复合板吊顶。

(3) 整体橱柜　一体化设计、生产，现场安装。

① 台面的一体化设计　采用模具生产，台面部分成为标准化部件，整体橱柜的各种配件均满足产业化装修要求。

② 台面的性能设计　表面增加食品级高分子涂层，使表面致密度及硬度更高，耐污染、抗渗漏性更好，使台面有效使用寿命提高到 10 年以上。

③ 台面的功能设计　洗菜池、水龙头、灶具等与台面接口部分采用凸形止水止污工艺，日常使用维护更放心、更简单。

④ 防水水槽柜　采用公司发明专利产品，彻底解决水槽柜的防水隐患，使水槽柜寿命达到 20 年以上，产品使用百分百可回收材料。

⑤ 橱柜门板　采用公司发明专利产品，使门板表面各项使用性能指标均较传统材料有大幅度提高。

⑥ 维护及环保　台面、柜体、门板均采用了可回收、可翻新使用的新材料、新工艺，有效减少日常维护和维修的工作量，方便随时翻新。

⑦ 全寿命周期　采用一体化设计，全面优化材料的各项性能价格比，辅以必要的定期维护及定期更新制度，使整体产品的全寿命使用周期提高到 15 年以上。

2. 卫生间

(1) 地面　整体卫生间底盘标准化设计、工厂加工、现场安装。

(2) 墙面　硅酸钙复合板标准化设计、工厂加工、现场安装。

(3) 吊顶　采用集成硅酸钙复合板吊顶。

(4) 卫浴柜　一体化设计、生产，现场安装。

3. 起居室、卧室

隔墙、架空地面、墙板、地板采用装配式安装。

4. 室门

采用集成装配式装修方法。

5. 门窗套

采用集成装配式装修方法。

二、本项目装配式装修部品的生产、安装实施措施

1. 自行装配式装修生产的核心部品部件

包括装配式装修整体橱柜、免涂装装配式室门、硅酸钙复合板、整体卫生间底盘、门窗套等。要做到二次设计合理，生产供应计划合理，备料时间、数量合理，产品按照生产流程规范生产，生产过程和产成品经过检验合格，预拼装合格，包装、运输、交货安全及时，专业安装队伍安装。

(1) 整体橱柜的生产、安装的实施措施

① 二次设计合理。

② 采购优质环保的板材。

③ 门板耐污染性能好、硬度高。

④ 收纳空间合理。

⑤ 排油烟机、灶具、水槽经济耐用。

⑥ 配备专门的防水水槽柜，永久解决滴、漏、泡、胀、霉变问题。

⑦ 台面、门板、柜体均可循环回收利用，符合环保节材概念。

⑧ 门板、抽屉安装要求精密到位。

⑨ 台面与墙面处理合理。

⑩ 踢脚处理合理。

⑪ 有通风要求的柜子采用格栅或板面打孔。

(2) 装配式室门的生产、安装的实施措施

① 二次设计合理。

② 采购优质环保的板材。

③ 门扇与门框间色差要小。

④ 锁具、把手、合页简单实用。

⑤ 安装平整到位。

⑥ 门框与墙面结合部位处理合理。

（3）硅酸钙复合墙板的生产、安装的实施措施

① 排板图合理，兼顾出材率和美观。

② 采购高品质基材。

③ 采购优质专用工业漆。

④ 大批量连续生产，充分发挥全自动流水线的品质保障和产量保障优势。

⑤ 合理安全包装运输，避免不必要的运输破损。

⑥ 保证色差在能接受的范围内。

⑦ 标准板设定为 600mm×2400mm，便于安装人员搬运、安装。

⑧ 安装时和专用龙骨、调平件配合使用，方便、快捷。

⑨ 包柱在工厂预制，外侧已经铺装硅酸钙复合板，美观大方，省时、省工、省空间。

（4）整体卫生间底盘的生产、安装的实施措施

① 选用优质原材料。

② 大批量连续模块化生产，充分发挥全自动流水线的品质保障和产量保障优势。

③ 合理、安全地包装运输，避免不必要的运输破损。

④ 整体底盘安装简单快捷，有效解决卫生间防水问题。

（5）窗台板的生产、安装的实施措施

① 选用优质原材料。

② 大批量生产，发挥进口设备优势。

③ 安装后仔细处理四周可能的缝隙。

2. 装配式装修部品的生产、安装的一般性实施要点和措施

（1）原材料采购、运输、装卸管理要点和措施

产品选用优质原材料，均由国内外知名企业提供，这些企业实力雄厚供货量充足；同时在天津工厂周边设有备货仓库，节省了原材料的供货周期。

原材料运至天津工厂由指定人员进行抽样检验，检验合格后由相关人员办理入库手续，按照原材料的理化性质分区存放，并标以材料说明标签，随时提供生产领用。

（2）生产人员管理要点和措施

生产线采用意大利进口自动化设备、设施及配置，对人工的依赖性较少；工厂有专业的技术操作人员，他们熟练掌握产品的工艺生产流程、设备的安全操作、设备维修维护、紧急情况处理等相关方面的专业技能；在业务部门或者技术部门提供的工程量、工程要求、供货周期标准的基础上，结合需求信息、库存现有量信息、采购在途信息以及车间在制信息，由生产负责人编制出 MRP 生产安排计划，再由各工段班组严格按照生产计划安排生产，并及时按照实际生产进度进行报工；车间各工段负责人还要编制工序作业计划，这要求各工序的加工时间要给予明确。计划编制之后，车间生产管理人员（车间计划员、车间调度员）按照计划规定的品种、批量、时间等要求，组织生产领料和生产作业。

生产领料环节的控制重点是严格按照投产计划的需求清单到库房领取对应物料，做到"计划投产什么品种，就为什么品种领料；投产多少，就领取多少"，这里的要点在于按重量计量的物料难以严格按照计划需求量领取，对于计划外用料，必须进行严格的审核控制。减少原材料在车间的堆积，以免影响车间工艺布局和工人作业产生干扰。原材料堆积的原因多源于不按照计划领料，或者生产临时转换或者批次生产结束之后不及时清理车间所致。

（3）设备生产能力发挥的管理要点和措施

结合需求信息、库存现有量信息、采购在途信息以及车间在制信息，在水、电、气正常供应的情况下确保订单及时有效地完成。

（4）设备维修与维护措施的管理要点和措施

① 设备主要部件由供应商 24h 内到场更换。

② 刀片、钻头、锯片有独立的工具车间进行修磨更新。

③ 生产设备关键零部件、加工周期长部件建立安全库存。

（5）保证水、电、气正常供应的管理要点和措施

① 通过与园区水务部门沟通，本年度本园区无大型水路拆改作业，保障供水24h畅通。

② 生产车间双电源变压配电系统保障24h供电。

③ 生产设备配备主副双生产线且独立分布车间，保障供电供气通畅。

（6）产品质量检测管理要点和措施

① 检验员依据检验作业指导书、检验规范及原辅料检验标准，对进场的原辅料进行检验，判定与标准的符合性。

② 检验完毕后填写检验记录并盖以检验专用章。

③ 为保证环境卫生，应进行生产环境检测，检验员每周对生产场地及关键卫生区进行空爆及试擦试验，做好记录并传递给相关部门。

④ 车间质检员同时加强对生产过程中产品生产各工序自检工作，包括：浇筑工序混料的黏度测试、烘干工序烘道的进出口温度、胶衣工序胶衣层喷涂厚度等。

⑤ 检验员依据公司检验规范对出厂产品做好检验把关，将合格品运至成品库，不合格品运至指定区域待处理，保证不合格品不出厂。

⑥ 检验完毕，填写检验原始记录、报告单。

⑦ 审核员审核后加盖检验专用章，报至相关部门。

（7）产品运输管理要点和措施（产品运至项目工地现场）

① 公司配备专业的货物运输人员及货运车辆，货运司机熟悉并掌握道路运输相关法律法规，驾驶证、行驶证、保险、货物运输手续齐全。

② 货运人员熟悉运输产品的性能，合理摆放货物，做到货物有序、车体整洁，每次货物运输完毕，无污染物无残留。

③ 货运人员实施两班倒制度，保障运输工作24h运行。

（8）安全生产消防的管理要点和措施

消防安全是制造业安全生产管理的重要组成部分，是生产单位现场安全生产管理的工作重点之一。工厂车间内部应建立消防安全责任制度，确定指定的消防安全责任人，制定用火、用电、使用易燃易爆材料等各项消防安全管理制度和操作规程，并严格按照制度执行。设置消防通道、消防水源，配备消防设施和灭火器材，重点区域设置安全标志。

三、本项目装配式装修采购的实施要点

1. 本项目集成采购的部品部件

包括涂料、晾衣架、窗帘杆、排风扇、木地板、灶具、排油烟机、洗菜盆、坐便器、洗面盆、盥洗镜、小五金、水龙头、灯具、开关插座等。

2. 集成采购、安装流程

包括现场细致勘查、技术交底明白、二次设计合理、确认技术方案、确定价格及合理的供应周期、签订采购合同、按照计划购进原料、按照生产工艺生产产品、过程及成品检验合格、预拼装、包装运输及时安全、现场专业安装队伍安装。

（1）涂料采购的实施要点

① 选用知名品牌。

② 特别关注环保指标。

③ 关注耐擦洗指标。

④ 涂刷采用"一底两面"的方式。

（2）晾衣架、窗帘杆、小五金、盥洗镜采购的实施要点

① 要求真材实料。

② 注意小五金在硅酸钙复合板上的安装方法，应合理、牢固。

（3）吊顶的装配式装修采购的实施要点

① 选用功能模块化集成吊顶。

② 要求基板（不含漆膜）厚度达到要求。

③ 要求色差在允许范围内。

④ 要求平整度合格。

⑤ 安装时注意板与板之间不要挤，不要造成波浪。

（4）排风扇采购的实施要点

① 噪声要符合要求，并尽量低。

② 关注电动机质量。

③ 安装必须牢固，不产生振动。

（5）石塑地板的装配式装修采购的实施要点

① 关注甲醛释放量是否合格。

② 关注耐磨指标，必须合格。

③ 关注厚度偏差是否过大。

④ 关注安装后板缝是否过大。

⑤ 踢脚线与木地板色差不能太大。

（6）灶具、排油烟机、洗菜盆采购的实施要点

① 关注排油烟量是否符合要求。

② 关注与整体橱柜的协调性是否符合要求。

③ 关注排油烟机滴油问题。

④ 关注洗菜盆材质是否符合要求。

⑤ 要求安装是否严密、到位。

（7）坐便器、洗面盆采购的实施要点

① 选用大品牌产品。

② 选择节水型坐便器。

③ 关注坐便器及洗面盆外形尺寸是否符合要求。

④ 关注釉面的外观，应无明显瑕疵。

⑤ 安装牢固、到位。

（8）水龙头采购的实施要点

① 确认材质。

② 密闭性。

③ 形状尺寸符合使用要求。

④ 安装牢固、紧密。

（9）灯具、开关插座采购的实施要点

① 必须通过安全标准认证。

② 照度、色温符合要求。

③ 卫生间插座考虑防水、防溅、防潮性能合格。

④ 灯具安装牢固，无松动。

（10）电器采购的实施要点

① 符合安全标准。

② 符合环保标准。

③ 节能标准：能效 2 级及以上水平。

④ 专业人员安装。

⑤ 如在硅酸钙复合板上安装，需制定合理的加固方案。

3. 项目采购的一般性实施要点及措施

（1）采购的确认

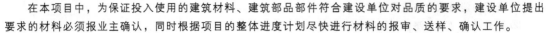

在本项目中，为保证投入使用的建筑材料、建筑部品部件符合建设单位对品质的要求，建设单位提出要求的材料必须报业主确认，同时根据项目的整体进度计划尽快进行材料的报审、送样、确认工作。

（2）集成采购的供应保障措施

建立项目经理牵头的材料采购部门，派设专人负责材料的选样、订货、加工生产跟踪、质量反馈等工作，确保每一项材料的加工、到货时间都在材料供应计划规定的时间内完成。

贯彻装配式装修的方针，最大限度地使用符合模数、标准化、工业化的产品。

为保证集成采购的材料按时、按量、按质供应到现场，材料管理部将实行要求各供应商指定专人负责、本部门安排专人跟进，保证"一对一"的高效紧密联系，发现问题及时协商、请示、提出解决方案，并提交监理公司和业主确定。

（3）集成采购的质量保证措施

运至工地的建筑材料、部品部件，业主有要求的必须经业主认可后才能用于项目，其质量必须符合合同文件《产业化装修技术标准》和设计、国家相应的标准，以及建筑材料环保指标，必须按相应的国家材料标准和试验规程进行材料检验，并按照质量管理体系标准要求进行标识，不合格的材料禁用于本项目。

2-3 建筑结构设计与装配式装修的有效互动

一、设计要注重实际，同时展望未来

每一个公共租赁住房项目从设计、结构到装修都可以全面采用产业化、装配式装修，设计工作一样可以提前推出并不断优化标准化设计方案。在今后条件允许的项目实行比现在更彻底的产业化设计、施工和装修。

二、装配式装修对结构提出了新的质量要求

装配式装修不同于传统的装修模式，在产业化率大幅度提高的同时，对结构偏差的容错能力也大幅度降低。装配式装修对结构提出了较以往更高的质量要求。需要在主管部门的倡导下，在一些产业化装修的项目中试行新的、更高要求的结构验收标准。

三、装配式装修进一步推广

需要在政府引导和市场主导下，有共识的企业和个人团结合作，克服困难，稳步快速推进。最终使参与者和社会及政府之间取得社会效益与经济效益的平衡。

第三部分 生产、安装总体进度计划及保障措施

3-1 生产、安装总体进度计划图

生产、安装总体进度计划是项目实施的时间规划，是控制工期的有效工具。编制切合实际的进度计划并严格按照计划组织实施，是项目建设持续、稳步、正常进行的前提，是资源优化配置和成本控制的依据，是避免盲目投入和成本浪费的保证，同时也是整个项目质量得以保证的重要因素。在项目进行过程中可对整个工程项目的进度进行时时监控和调整，在最大限度上帮助工程管理人员掌握工程现时的进度重点以及整体的重点和难点。

在本项目中，由于业主已经确定了竣工的期限，因此本项目面临的是倒计时式的工期，本着"一切为业主服务"的态度，"急业主之所急"的指导思想，响应业主的要求，制订了本项目生产、采购和安装的整体进度计划，确保项目进度计划的可行性、合理性、先进性、可靠性。

在项目实施过程中，本项目的指挥部负责监督总计划和各个节点实际完成的情况，并按照总计划具体要求认真落实各施工段的计划的编制和实施，利用计算机技术对计划的完成情况进行全程的记录、分析、优化。本生产、安装进度计划为初步计划，依据本项目的招标文件、施工范围、施工项目、施工工作量、工期要求和相关国家施工规范标准以及本项目的各方面经验进行编制。本生产、安装进度计划中各项目的工作量根据图纸、招标工程量清单汇总而得。

在勘察了现场目前的各专业施工进度后，结合本工程的施工项目和工作量，必须严格控制工程的施工进度。项目部有关管理人员在编制此进度计划时，已充分考虑前期的施工准备与全面展开施工的衔接关系和时间，前期的施工准备包括进场交接、图纸会审、材料确认、材料订购工作。

本项目进度计划按照部品生产＋集成采购＋基础施工＋现场安装的程序组织。若出现某一分项、分部工程进度滞后时，应立即采取补救措施，并按照本施工组织设计有关施工工期保证措施的要求及时调整后续项目的施工时间，以确保总工期的如期兑现。

如获中标并在建设单位明确各项具体要求后，应结合实际及某些特殊情况对此生产、安装计划进行切实可行的调整，在递交建设单位、监理单位审核确认后作为整个项目施工的工期安排执行依据。

3-2 确保生产、安装进度计划完成的措施

一、建立完善的计划保证体系

建立完善的计划体系是掌握施工管理主动权、控制施工生产局面、保证工程进度的关键一环。本项目的计划体系将以日、周、月和总控计划构成的工期计划为主线，并由此派生出一系列技术保障计划、商务保障计划、物资保障计划、质量检验与控制计划、安全防护计划及后勤保障计划，在各项工作中做到未雨绸缪，使进度管理形成层次分明、深入全面、贯彻始终的特色。

1. 采用科学的三级网络编制施工总控计划

本工程的进度将采用三级网络计划进行管理，一级网络根据工程总工期控制工程各分部工程目标；二级网络根据各阶段分部工程的工期目标控制分解成分项的目标；三级网络控制指导每日主要工序生产。通过对关键线路施工编制标准工序，建立计划统计数据库，利用项目管理信息系统对工期进行全方位管理。

2. 制订派生计划

工程的进度管理是一个综合的系统工程，包括技术、资源、商务、质量检验、安全检查等多方面的因素，因此根据总控工期、阶段工期和分项工程的工程量制订出技术保障、商务合同、物资采购、设备订货、劳动力资源、机械设备资源等派生计划，是进度管理的重要组成部分，按照最迟完成或最迟准备的插入时间原则，制订各类派生保障计划，做到施工有条不紊、有备而来、有章可循。

3. 有效组织实施

实施项目管理，形成快速决策、指挥灵活的管理系统，配备强有力的施工领导管理班子和充足资源的施工管理力量，真正做到定岗定员，事事有人管、有人抓。

4. 强化装配式装修的优势

在整个项目实施的过程中充分发挥装配式装修的优势，像汽车和计算机行业一样做装修，充分发挥现代大工业生产的优势，加大工厂的工作量，减少现场施工的难度和工作量。可以在宏观和微观上优化整个项目计划的如期、高品质完成。

二、技术工艺的保障

① 编制有针对性的施工方案和技术交底。

② "方案先行，样板引路"是投标人施工管理的特色，本工程将按照方案编制计划，制定详细的、有针对性的和可操作性的施工方案，从而实现在管理层和操作层对施工工艺、质量标准的熟悉及掌握，使工程施工有条不紊地、按期保质地完成。施工方案覆盖面要全面，内容要详细，配以图表，图文并茂，做到生动、形象，调动操作层学习施工方案的积极性。

③ 必须符合设计图纸及设计说明中的尺寸，规定做法和要求。

④ 分项工程开工前，认真组织研究施工方案，施工时各专业工种应采用新机具及良好的设备进行施工。

⑤ 加强供货合同的管理，保证施工中所选用的材料达到质量要求，避免因退货而造成工期延误。

⑥ 合理协调各专业工种，如：水、暖、强电、弱电、空调、消防设备装饰工序的衔接和顺序关系，做到科学合理，避免因"返手活"的修改而造成工期延误。

⑦ 认真做好技术交底工作，各个分项工程的细部环节都应在事前对施工人员做好书面交底，并对实施效果设专人进行跟踪检验。

⑧ 所有隐蔽工程都应严格履行隐蔽工程验收手续，本工程提前48h向监理工程师申报。

⑨ 建立质量及技术档案，健全工程进度计划表，管理好图纸材料证明及文书资料，完善各阶段的验收

手续，保证资料齐全。

三、人力、财力、物力的保证措施

① 本工程高峰期投入充足的人力进场作业，各工种配备齐全，关键工序，关键部位，考虑有无扰民因素，尽量组织昼夜作业。

② 用足够的资金保证本项目所需费用，根据进度要求适时配备施工机械、周转材料及必要的配件、备用件。

③ 安全生产是确保工程如期完工的重要条件之一，在施工期间将开展"安全无事故"的竞赛活动，对施工现场及时进行检查、督促、整改。

④ 除业主地区政府通知停产外，做到无节假日，连续施工。

⑤ 施工前制订较为详细的施工进度计划，并做到合理细致，具有可操作性，利用计算机系统，根据施工进度不断调整和优化总进度计划，合理调配人力、物力和设备力量，全面进行平衡协调。

四、夜间施工措施

为了保证在合同规定的工期内保质保量地完成施工任务，如遇到工期较急的特殊时段，本项目会采取增加工人数量、夜间加班等措施来保证施工的顺利进行，同时相应增加管理人员的数量及与材料供应商协商好材料的供给。

① 在施工期间将安排专门的临水工人、临电工人，保证临水、临电的正常使用。

② 施工现场管理人员坚守工作岗位，根据实际情况轮流安排管理人员调休。

③ 质安部加强现场检查与巡视，落实预防措施，杜绝事故隐患。

④ 材料部门根据夜间的市内交通状况，提前落实运输材料进场车辆的行驶路线，确保材料运输的及时与通畅；对委托加工的半成品、成品提前与加工厂商联系，由加工厂商提前加工或安排加班生产，以确保半成品、成品能按照原定计划组织进场。做好材料的储备工作，并做好相关材料的检测工作。

⑤ 夜间期间，项目部提前与监理工程师预约，以确保隐蔽工程或中间验收工作的连续性。

⑥ 特殊时段施工时特别加强现场文明施工管理、消防管理以及防噪声、防尘处理措施，保持良好的现场形象，维持现场及周围的市容环境整洁。

第四部分 生产、安装的质量目标和保证措施

4-1 生产、安装的质量目标

一、隔墙龙骨的质量目标

项目名称：轻钢龙骨隔墙。

适用部位：居室、厨房、卫生间隔墙。

质量标准：

1. 材质

钢制镀锌。

2. 规格

二次隔墙采用快装轻质隔墙，隔墙厚度为 90mm，10mm 硅酸钙复合墙板 + 38mm 横向龙骨 + 50mm 竖向龙骨（内塞 50mm 厚岩棉）+ 38mm 横向龙骨 + 10mm 硅酸钙复合墙板。

设置强弱电箱快装轻质隔墙墙体厚度为 200mm，10mm 硅酸钙复合墙板 + 38mm 横向龙骨 + 50mm 竖向龙骨（内塞 50mm 厚岩棉）+ 38mm 横向龙骨 + 50mm 竖向龙骨 + 38mm 横向龙骨 + 10mm 硅酸钙复合墙板。

二、地暖模块的质量目标

项目名称：地暖模块。

适用部位：居室、厨房、卫生间地面。

质量标准：

① 居室及厨房地面为模块式快装采暖架空地面，面层为硅酸钙复合地板，整体厚度为 130mm。

② 卫生间地面为卫生间整体防水底盘架空地面，整体厚度为 130mm。

三、硅酸钙复合板的质量目标

项目名称：墙面板。

适用部位：居室、厨房、卫生间墙面。

质量标准：本工程墙面装配式装修采用全墙挂板体系（阳台除外）。居室为干挂 UV 包覆板，厨房、卫生间为 UV 钛晶包覆板。墙板之间采用密拼工艺连接（无胶缝）。

四、整体橱柜的质量目标

项目名称：整体橱柜。

适用部位：厨房间。

质量标准：

（1）布置形式　单排型、L 字形。

（2）空间位置　地柜、吊柜。

（3）外观　颜色、规格尺寸符合房屋整体装修效果，使用方便，具有足够的收纳空间。

（4）橱柜门板　基板采用 18mm 厚三聚氰胺板。

（5）柜体板　使用 16mm 厚三聚氰胺板。

（6）背板　使用 5mm 厚与柜身板同色的双饰面三聚氰胺纤维板。

（7）台面　使用不小于 12mm 厚的人造石板，应符合《实体面材》（JC 908—2002）的要求，同一排台面不得出现两条及以上接缝，所有台面板下必须增设条铺垫板以增加台面板刚度，开孔位置需进行加固。

（8）洗菜盆　尺寸应与整体橱柜配合一致，材质为不锈钢。

五、整体窗套的质量目标

项目名称：钢制覆膜。

适用部位：外窗。

质量标准：

（1）外观　颜色符合房屋整体装修效果。

（2）尺寸　依据窗口尺寸。

（3）材质　钢制覆膜硅酸钙板。

（4）安装施工质量　符合《高级建筑装饰工程质量检验评定标准》（DBJ/T 01-27—2003）中的相关要求。

六、室内门的质量目标

项目名称：室门（硅酸钙板复合）。

适用部位：起居室、卧室、厨房、卫生间。

质量标准：

（1）颜色　符合房屋整体装修效果。

（2）规格　符合门洞口预留尺寸。

（3）裂缝、拼接离缝、叠层　无。

（4）凹陷、压痕、鼓包　无。

（5）颗粒、麻点　无。

（6）表面粘接强度　1.42MPa。

（7）漆膜附着力　1 级。

（8）漆膜硬度　2H。

（9）甲醛释放量　符合《室内装饰材料、人造板及其制品中甲醛释放限量》（GB 18580—2001）中的相关要求。

（10）五金锁具类　产品资料齐全，表面观感良好，相关性能符合《锁具安全通用技术条件》（GB 21556—2008）中的相关要求。

（11）门顶　坚固、耐用，与地面有可靠连接。

（12）室内门制作及安装质量　符合《北京市家庭居室装饰工程质量验收标准》DBJ/T 01-70—2003 中

的相关要求。

(13) 钢制附膜门套　钢材没有形变；附膜美观，没有皱褶、气泡、划痕。

七、涂料的质量目标

项目名称：水性耐擦洗环保涂料。

适用部位：起居室及卧室的顶面。

质量标准：

(1) 颜色　符合房屋整体装修效果。

(2) 光泽度　亚光。

(3) 耐碱性　24h 无异常。

(4) 干燥时间（表面）　≤2h。

(5) 对比率（白色和浅色）　≥0.95。

(6) 耐洗刷性　≥1000 次。

(7) 耐水性　较好。

(8) 护色性　较好。

(9) 有害物质限量　符合《室内装饰装修材料内墙涂料中有害物质限量》（GB 18582—2008）中的相关要求。

(10) 认证　通过《中国环境标志产品认证》。

(11) 涂刷施工质量符合《高级建筑装饰工程质量检验评定标准》（DBJ/T 01-27—2003）中的相关要求。

八、整体卫生间底盘的质量目标

项目名称：整体卫生间底盘。

适用部位：卫生间。

质量标准：

(1) 规格　厚度 4mm。

(2) 整体长度、宽度　±2mm。

(3) 厚度偏差　±5%。

(4) 表面质量　至少 99% 的砖，距 0.8m 远处垂直观测表面无缺陷。

(5) 安装施工质量　符合《高级建筑装饰工程质量检验评定标准》（DBJ/T 01-27—2003）中的相关要求。

九、晾衣杆的质量目标

项目名称：不锈钢晾衣杆。

适用部位：阳台。

质量标准：简装配置，不锈钢材质。

十、窗帘杆的质量目标

项目名称：窗帘杆。

适用部位：起居室、卧室、阳台。

质量标准：铝合金材质。

十一、集成吊顶的质量目标

项目名称：硅酸钙复合板集成吊顶。

适用部位：厨房、卫生间。

质量标准：

① 符合房屋整体装修效果。

② 龙骨：间距、起拱符合规范要求，表面应做防锈处理。

③ 施工质量符合《高级建筑装饰工程质量检验评定标准》（DBJ/T 01-27—2003）中的相关要求。

十二、排风扇的质量目标

项目名称：排风扇。

适用部位：卫生间。

质量标准：

(1) 类型　导管排气型。

(2) 排气方式　排出式。

(3) 换气量　≥12 次/h。

(4) 尺寸　符合卫生间整体装修效果；

十三、石塑地板的质量目标

项目名称：石塑地板。

适用部位：起居室、卧室。

质量标准：

(1) 颜色　符合房屋整体装修效果。

(2) 厚度　总厚度≥2mm。

(3) 标准　GB/T 4085—2005。

十四、灶具的质量目标

项目名称：燃气灶。

适用部位：厨房间。

质量标准：

(1) 结构形式　嵌入式。

(2) 灶眼数　双眼灶。

(3) 性能　应符合《家用燃气灶具》(GB 16410—2007) 中的相关要求。

(4) 点火方式　带脉冲点火。

(5) 外观　美观大方，与整体橱柜和谐，符合房屋整体装修效果，炉碟、炉架、炉面配合良好，平整、安全、稳固，炉脚支撑可靠、不歪斜，表面喷涂光洁，附着可靠，使用时受热部位受热后不变色，不剥离，不起泡，电镀件镀层均匀，颜色光亮。

(6) 安装施工质量　符合《家用燃气燃烧器具安装及验收规程》(CJJ 12—1999) 中的相关要求。

十五、排烟机的质量目标

项目名称：吸油烟机。

适用部位：厨房间。

质量标准：

(1) 排放方式　管排式。

(2) 安装方式　壁挂式。

(3) 外观　美观大方，与整体橱柜和谐，符合房屋整体装修效果。

(4) 结构尺寸　外形尺寸和排风管的内径尺寸与整体橱柜尺寸相配合。

(5) 噪声　符合《家用和类似用途电器噪声限值》(GB 19606—2004) 中的相关要求。

(6) 性能　符合《吸油烟机》(GB 17713—2011) 中的相关要求。

十六、坐便器的质量目标

项目名称：节水型坐便器。

适用部位：卫生间。

质量标准：

(1) 形式　整体式。

(2) 结构　大、小便分挡冲洗。

(3) 水量　大便冲洗用水量≤6L，小便冲洗用水量≤4.5L。

(4) 规格尺寸（长×宽）　645mm×360mm。

(5) 允许最大变形值 6mm。

(6) 吸水率 ≤0.3％。

(7) 水封 深度不小于50mm，面积≥100mm×85mm。

(8) 存水弯最小管径 ≥41mm。

(9) 固体物排放功能 球排放三次试验平均数≥90个。

(10) 水封回复功能 每次冲洗后深度≥50mm。

(11) 污物冲洗功能 墨线实验后，残留墨线长度为0。

(12) 进水阀强度 ≤0.6MPa，性能可靠。

(13) 有效水量的排水量 ≥1.5L/s。

(14) 有效水量的进水时间（0.005mPa） 120s。

(15) 安装施工质量 符合《高级建筑装饰工程质量检验评定标准》（DBJ/T 01-27—2003）中的相关要求。

十七、台下盆的质量目标

项目名称：洗面盆。

适用部位：卫生间。

质量标准：

(1) 形式 台下盆。

(2) 规格尺寸（长×宽） 参照图纸。

(3) 吸水率 ≤0.29％。

(4) 耐荷重性 ≥1.1kN。

(5) 安装施工质量符合《高级建筑装饰工程质量检验评定标准》（DBJ/T 01-27—2003）中的相关要求。

十八、盥洗镜的质量目标

项目名称：盥洗镜。

适用部位：卫生间。

质量标准：

(1) 尺寸（高×宽） 700mm×500mm。

(2) 安装施工质量 符合《高级建筑装饰工程质量检验评定标准》（DBJ/T 01-27—2003）中的相关要求。

十九、小五金的质量目标

项目名称：浴帘杆。

适用部位：卫生间。

质量标准：

(1) 材质 不锈钢。

(2) 规格尺寸 符合房屋整体装修效果，满足日常洗浴用品的收纳要求。

(3) 安装施工质量 符合《高级建筑装饰工程质量检验评定标准》（DBJ/T 01-27—2003）中的相关要求。

二十、水龙头的质量目标

项目名称：节水型龙头、淋浴喷头。

适用部位：厨房、卫生间。

质量标准：

(1) 规格尺寸（长×高） 88.5mm×125.2mm（卫生间手盆位置）；（150mm±20mm）×138mm（淋浴），233mm×333mm（厨房洗菜盆）。

(2) 进水部位（阀座下方）强度测试 2.5mPa，关闭阀芯，稳压60s，阀体无变形、无渗漏。

(3) 出水部位（阀座下方）强度测试 0.4mPa，打开阀芯堵住出水口，稳压60s，阀体渗漏。

(4) 水嘴本体材质 铜59％～63％，铅0.8％～1.6％，杂质含量≤1.3％。

（5）水嘴阀体性能　2.50MPa±0.05MPa，关闭阀芯，打开出水口，稳压 60s±5s，阀体无渗漏；0.40MPa±0.02MPa，打开阀芯，关闭出水口，稳压 60s±5s，无渗漏。

（6）阀芯性能密封性　1.60MPa±0.05MPa，关闭阀芯，打开出水口，稳压 60s±5s，阀体无渗漏；0.05MPa±0.01MPa，打开阀芯，关闭出水口，稳压 60s±5s，无渗漏。

（7）冷热水隔墙密封性能　0.40MPa±0.02MPa，关闭阀芯，打开出水口，稳压 60s±5s，阀体无渗漏。

（8）水嘴流量　在动态压力为 0.30MPa±0.02MPa 的水压下，不带附件，流量≥0.2L/s；在动态压力为 0.10MPa±0.01MPa 水压下，带附件，流量≤0.15L/s。

（9）阀芯寿命及密封性　50 万次，接近真空，瞬时止水。

（10）水嘴开关寿命试验　≥20 万次。

（11）转换开关寿命试验　≥3 万次。

（12）安装施工质量　符合《高级建筑装饰工程质量检验评定标准》(DBJ/T 01-27—2003) 中的相关要求。

二十一、灯具的质量目标

项目名称：吸顶灯。

适用部位：厨房、卫生间、起居室、卧室。

质量标准：

（1）类型　普通吸顶灯用于起居室、卧室、阳台；防水、防尘灯用于厨房间、卫生间。

（2）照度要求　起居室、卧室的一般活动区 30lx，阅读区 200lx，厨房 90lx，卫生间 15lx。

（3）防护等级　防水、防尘灯 IP65。

（4）色温　4000K 左右，冷白色。

（5）灯具　具有安全认证标志。

（6）安装施工质量符合《高级建筑装饰工程质量检验评定标准》(DBJ/T 01-27—2003) 中的相关要求。

二十二、开关插座的质量目标

项目名称：开关插座。

适用部位：厨房、卫生间、起居室、卧室。

质量标准：

（1）开关性能　符合 GB 16915.1—2003/IEC 669-1《家用和类似用途固定式电气装置的开关》第一部分：通用要求。

（2）插座性能　符合 GB 2099.1—1996/IEC 884‐1《家用和类似用途插头插座》第一部分：通用要求。

（3）电子类产品　符合 GB 16915.1—2000/IEC 60669—2《家用和类似用途固定式电气装置的开关》第二部分：通用部分。

（4）面板　材料为 PC 料，表面应具有良好的光泽，阻燃性能应通过 650℃ 灼热丝温度试验要求。

（5）底壳　材料为 PC 料或尼龙料，阻燃性能应通过 850℃ 灼热丝温度试验要求。

（6）开关触点　铝合金触点，动静触点分开后，绝缘电阻不小于 5MΩ。

（7）插座铜片　为锡磷青铜或耐热铜，表面洁净，不能有氧化污垢，厚度不小于 0.6mm，不同极性之间绝缘电阻不小于 5MΩ。

（8）产品认证　产品必须按照国家规定要求通过安全认证并获得证书；

（9）安装施工质量　符合《高级建筑装饰工程质量检验评定标准》(DBJ/T 01-27—2003) 中的相关要求。

4-2　生产、安装的保证措施

为确保本项目安装质量达到国家有关规范和招标文件的要求，我们结合本公司有关程序制定了一套完整的质量管理模式，采用科学的质量管理方法，确保从生产、集成采购和安装各环节全面实现质量保证体系和管理制度，坚持"创建精品工程"的方针，圆满完成建设单位提出的上述质量目标。

一、建立本项目的质量保证措施

1. 建立项目质量保证体系的必要性

质量体系是衡量企业质量保证能力的重要依据之一，针对本项目建立质量保证体系还在于以下几点。

① 以预防为主，将质量管理重点从管理结果向管理因素转移，可以有效防止不合格品（不合格物资、不合格过程）的出现，从而减少损耗，降低成本。

② 强调过程管理，控制影响项目质量的各种因素，减少或消除质量缺陷的发生；即使产生质量缺陷，也能及时发现并采取纠正措施，使项目整体质量稳定提高。

③ 结合项目特点对技术规范未涉及的部分进行补充，同时将质量职能分解给与质量活动有关的各职能部门，单纯由质量部门承担的做法是不可取的。

④ 满足建设单位对质量的要求，同时对项目的质量管理工作提供更多保障。

2. 本项目质量保证体系

质量方针：一次成优。

质量目标：合格。

项目质量管理机构的设置：为抓好本项目的质量管理，更好地保证本项目质量目标的实现，我们建立了与本项目质量管理体系相适应的组织机构。明确了各机构的隶属关系和职责范围，各机构工作衔接与相互联系，各级质量管理工作职责，把质量管理的工作落实到人。

二、生产的质量保证措施

装配式装修的特点和难点是关键部品的集成化设计、生产和安装。其中生产环节对产品质量的保证措施又是重中之重。

1. 产品设计环节对产品生产的一体化考量

装配式装修的本质是将工厂化、工业化尽量延伸到现场施工环节。所以装配式装修装修的自产关键部品必然是最大可能模数化、标准化、产业化生产的，这在前提上提高了产品的质量保证程度。

优化设计和优化部品生产的有效互动。

2. 生产设备的保障

本项目具备整体橱柜、内门、窗台板和硅酸钙复合板的全套生产线，主要设备均为德国、意大利、日本进口，精密、使用、高效的设备是生产出高品质产品的保证。同时本项目的设备均保持了极佳的工作状态，备有充足的备品备件，具有短时间内生产大批量、高品质产品的生产能力。

3. 高素质生产管理人员、经验丰富的设备操作人员和认真负责的采购人员

本项目拥有多位高素质的生产管理人员，具有管理短时间、大规模、高品质生产的经验和能力。我们同时拥有经验丰富的一线设备操作人员，可以充分发挥公司进口先进设备的质量和产量优势。同时我们针对本项目安排了管理人员、一线工人和采购人员的质量意识教育计划，系统地提高全员质量意识。

4. 严把原材料质量关

本项目按照 ISO 9001 要求建立采购质量控制制度，设有专门的采购部，做到货比三家，优中选优。主要原材料在与主要供货商建立长期战略合作关系的同时，合理准备了合格的备选供货厂家。原材料进厂即进行检验，检验合格才能入原材料库，检验不合格的原材料在专区放置，在最短的时间内由采购部安排退换货。

5. 严格按照生产流程组织生产

本项目一丝不苟地按照生产技术要求组织生产，由于设备自动化程度较高，极大地减少了生产过程中的人为因素。

6. 严格执行在线产品质量检验标准和产成品检验标准

生产产品的质量控制是一个过程控制，我们建立了产品可追溯制度，做到每道工序层层把关，有质量缺陷的在制品不进入下道工序。这大幅度地提高了产品质量和产成品合格率。

本项目采用的产成品质量检验要符合国家相应标准。

三、采购的质量保证措施

1. 集成采购的确认

在本项目中，为保证投入使用的建筑材料、建筑部品部件符合建设单位对品质的要求，建设单位提出要求的材料必须报业主确认，同时根据项目的整体进度计划尽快进行材料的报审、送样、确认工作。

2. 集成采购的供应保障措施

建立项目经理牵头的材料采购部门，派设专人负责材料的选样、订货、加工生产跟踪、质量反馈等工

作，确保每一项材料的加工、到货时间在材料供应计划规定的时间内完成。

贯彻装配式装修的方针，最大限度地使用符合模数、标准化、工业化的产品。

为保证集成采购的材料按时、按量、按质供应到现场，材料管理部将实行要求各供应商指定专人负责、本部门安排专人跟进，保证"一对一"的高效紧密联系，发现问题及时协商、请示、提出解决方案并提交监理公司和业主确定。

3. 集成采购的质量保证措施

运至工地的建筑材料、部品部件，业主有要求的，必须经业主认可后才能用于项目，其质量必须符合合同文件《产业化装修技术标准》和设计、国家相应的标准，以及建筑材料环保指标，必须按相应的国家材料标准和试验规程进行材料检验，并按照质量管理体系标准要求进行标识，不合格的材料禁用于本项目。

四、安装的质量保证措施

质量控制的对象是过程，包括生产过程、采购过程和安装过程等。控制的结果应使被控制的对象达到规定的要求。为了使被控制的对象达到规定的要求，就要积极采用科学的质量管理方法，健全全面有效的质量管理制度。通过对该工程的管理和运用，建立一整套质量管理模式，配以规范化、标准化、科学化和程序化的管理方法，最终取得显著成效。现将本项目安装质量保证措施分述如下。

1. 严格执行生产、采购质量管理措施

生产或采购的不合格产品不进入安装环节。

2. 安装质量预控

对安装班组成员进行质量意识教育。

项目开工前针对项目特点，由技术负责人组织有关部门和人员编写本项目的质量意识教育计划。

计划内容包括公司质量方针、项目质量目标、项目质量计划、技术法规、规程、工艺、工法和质量验评标准等。

通过教育提高各类管理人员和分项施工单位人员的质量意识，人人树立百年大计、质量第一的思想，并贯彻到实际工作中去，以确保项目质量目标的顺利实现。

项目各级管理人员的质量意识教育由项目经理及技术负责人负责组织实施，参与施工的各级管理人员由项目经理负责组织进行质量意识教育，施工操作人员由各施工员组织教育，技术负责人要对安装各班组进行的质量意识教育情况予以监督和检查。

3. 加强对图纸和规范的学习

严格按照规范施工的工程才是精品工程，加强安装班组人员学习有关的施工规范，开展安装班组人员对规范学习的竞赛，加强安装人员按照规范施工的意识，可以更好地保证项目质量目标的实现。

项目部应定期组织技术人员、现场施工管理人员以及分项施工人员进行图纸和规范的学习，做到熟悉图纸和规范要求，严格按照图纸和规范施工。

在学习的过程中及时找出图纸存在的问题，并将信息反馈给建设单位。

加强安装班组人员对施工图纸的学习交流，在交流中加深对图纸的理解。

加强安装班组人员对施工组织设计的学习。

加强安装班组人员对各分部分项工程交底记录的学习，并结合有关的施工图纸，全面理解并吃透每一道施工工序和施工工艺。

4. 安装过程质量保证措施

确立项目样板引路制度：在样板间的基础上实现规模化推进。

完善质量验收程序，可以分阶段、分项验收。

5. 项目质量验收制度

分项项目质量验收管理规定：实行工程项目的计划报验制。质检员根据各安装班组的报验计划进行统筹安排，有计划地约请监理组织三方现场验收，一些特殊情况下急于验收的区域由质检员具体安排。

报验资料和自检记录单必须真实反映实际。

对重要工序或业主要求参加验收的工序，由项目部约请其参加验收。

工序验收合格并在各方手续齐全后，由质检员从监理手中索取并存档。

质量检查最小批次划分按照《建筑工程施工质量验收统一标准》（GB 50300—2013）执行。

第五部分　现场施工方案和技术措施

5-1　基层处理及测量、放线

一、基层处理

① 地面垫层上的杂物清净，用钢丝刷刷掉黏结在垫层上的砂浆并清扫干净。

② 吊顶施工基层处理：吊顶施工前将管道洞口封堵处清理干净，以及将顶上的杂物清理干净。

③ 墙面基层处理：先将墙面灰尘、浆粒清理干净，用水石膏将墙面磕碰处及坑洼缝隙等找平，干燥后用砂纸将凸出处磨掉，将浮尘扫净。对于石膏板面，要先将石膏板接缝处进行嵌缝处理；对已做粗装修的墙面清理基层，凹凸不平处应剔凿或修补、湿润，修补要刮平、拍实、搓粗。

二、测量放线工程

① 施工人员于施工前，由施工技术人员现场进行技术交底，依据设计图纸用墨线划出装修物的位置，经技术人员勘查无误后，方可进行施工，一切尺寸准确性以图纸设计为准。

② 施工中各专业交叉作业较多，能够保证装修工程收口处理完美，必须在施工中保证测量放线工作的准确性，并保证各专业交接时，尽量采用统一测量值，减少误差。

③ 测量具体措施如下。

a. 进场后，进行综合、统一的测量放线，并组织与结构施工单位、业主交接检查，尽量减少室内外测量上的人为误差。

b. 以交接检查后确定的测量值为基准，对室内各分项分部工程进行定位放线，譬如：顶面、墙面、地面等工程。用墨斗做好标记，关键部位可用红色油漆做出"十字"标记。

c. 对厨房、卫生间放完成品挂板完成面线，以便进行墙板、橱柜及木门的加工生产。

d. 定期或不定期相互校对相关的轴线和水平基准线，各分项分部工程实现精准施工。

e. 在地坪放样确定后，应于施工范围内设置标准水平线，同时完成地坪高程差校对、天花板高程弹线作业，施工人员以此作为地坪及立面施工的微调依据。

f. 配合监理工程师指示，于局部放样点钉以钢钉作为放样确认点（此确认点包含地材放样线及楼层水平线）。

g. 放样醒目包括：楼层建筑标高、墙面材料分割线、墙面定位线、门窗位置线、地面材料分割线。

5-2　各部品的施工方案和技术措施

分部品的施工技术方案的详细内容与本书第五章内容一致，此处略。

第六部分　施工现场进度计划及保证措施

6-1　施工工期目标及总体安排

1. 工期目标

本工程计划工期为 183 日历天，计划开工日期 2018 年 9 月 5 日；计划竣工日期 2019 年 3 月 7 日。

2. 工期总体安排

根据本项目整体实力及施工过同类工程的经验，对本工程采取如下措施：

① 做好进场前的各项施工准备工作；

② 及时解决施工过程中出现技术问题；

③ 按照总工期控制计划制定各工期控制点并严格落实；

④ 人员、材料、机械设备按照计划组织进场；

⑤ 现场合理组织、加强与各专业分包之间的协调配合；

⑥ 制订试验、检验计划并严格落实。在招标文件要求时间内通过上述措施的落实，完全可以实现既定的工期目标。

6-2　施工进度计划

施工总进度计划表（略）。

6-3　工期保障措施

为了确保既定工期的实现，本项目根据以往同类工程施工经验，按照项目法施工管理模式并结合本工程特点，本着优化施工资源配置、优化施工现场平面布置和管理、尽一切可能为业主节约投资为中心的管理原则综合考虑各种因素，对工期进行了客观分析，在各种措施得当、工序安排合理、各种生产要素准备充分的前提下，确保工期的技术组织措施如下。

1. 严格计划管理措施

全面实行网络计划控制，根据总工期控制目标，分解制定阶段性工期控制点，围绕关键路线，以小节点保大节点，对工期进行动态管理，确保阶段目标得以实现，从而保证总工期目标的顺利实现。根据施工中出现的影响关键路线的因素，及时分析原因，找到解决办法，并即时将网络计划进行调整，再按照调整后的计划，围绕关键路线组织实施。严格计划的管理，解决施工中出现的各种矛盾。这样就使保证整个工程工期有了科学的手段。

2. 技术保证措施

在项目经理部配备现场设计师，积极与设计单位配合，了解设计意图，解决施工过程中图纸表达不清或需要及时修改的具体问题。充分发挥本项目补充详图的设计能力，为工程顺利进行创造条件。项目技术负责人组织现场设计师与设计单位及业主及时沟通，解决现场施工与设计之间的问题。

3. 劳动力保证措施

信誉良好、素质高的施工队伍是保证工程按期完成的基本条件之一，本项目拟选用与本项目长期合作的素质较高的专业施工队伍，并通过加强管理和控制，能够保证分部、分项工程施工一次验收通过，减少由于质量原因造成的工期浪费，确保总工期目标的实现。

4. 成立协调小组措施

施工期间，专门成立协调小组，定专人负责与建设单位联络，协调与各专业分包单位之间的配合工作，了解业主和设计单位的设计意图，力争为本工程施工创造条件。因为本工程在装修阶段与各专业分包均处于交叉施工状态，如何合理协调好各专业分包同时施工带来的交叉作业的关系是实现既定工期目标的首要因素。

5. 生产例会制度措施

进场后根据建设单位、监理的各种会议时间安排，结合现场实际情况制定每周一次的项目现场生产例会制度，项目经理部召集各相关人员参加生产例会，同时每天晚上下班前召开生产碰头会，及时解决工程施工中出现的问题，同时为下步生产工作提前做好准备。

6. 引进竞争机制措施

引进竞争机制，选用高素质的施工队伍，并采用经济奖罚手段，加大合同管理力度，以合同为依据严格履行和约工期。对施工班组采取奖罚措施：下放施工任务单时，明确规定施工工作内容的完成时间，并且给各班组下达分项工程完成时间控制点。对拖延工期的作业人员予以 10% 的工资、奖金罚款，并且采取补救措施完成阶段目标，保证总工期控制计划不受影响。

7. 加强成品保护措施

建立成品保护制度，项目部安排安全员分管此项工作，同时协调其他专业分包单位的成品保护工作。

8. 物资供应保证措施

项目经理部将根据工程总工期控制计划对物资、设备采购做出有效实施措施，保证物资按期供应。提出材料计划（并充分考虑其加工周期），跟踪材料供应商对材料的采购、加工、包装、运输的每一个环节，掌握、控制材料的供应，由公司物资部与现场材料采购员共同负责材料、设备的采购任务。

9. 资金保证措施

项目部根据工程进度计划，每月编制详细的资金使用表，并依靠本项目雄厚的资金力量，保证本工程的资金需求。

10. 其他保证措施

① 广泛运用先进施工机械设备；组织流水作业，各工种优化组合，充分发挥本项目实力；按照设计意图，选择优秀的施工人员，使各技工充分发挥出自己的才智，把设计意图变成美好的现实。

② 采用科学合理的施工管理方法，现场施工和工厂加工制作协调进行，在保证工程质量的同时，最大限度地提高工作效率，确保工期。

③ 强化项目法施工管理和项目经理负责制，设立能协调各方关系、有权威的调度指挥机构，配备有团结协同作战经验的现场管理班子，使用经济和行政手段约束，确保工程进度、质量等。

④ 使用网络计划进行动态控制，根据网络计划制定阶段性目标控制点，编制月、周计划，确保总工期控制计划的顺利实现。

⑤ 各专业施工人员配备充足，以保证工程进度的要求。

⑥ 根据总工期控制计划，倒排各阶段工期，以保证总工期控制计划实施的要求。

⑦ 施工人员提高工作效率，按计划完成各自的施工任务，实现各阶段目标，以保证本工程按总工期控制计划顺利实现。

⑧ 现场施工管理人员及技术人员提前考虑各种因素，随时解决施工中出现的问题，以保证施工生产顺利进行，确保工期目标的实现。

6-4　加快工程进度的措施

采用新工艺、新设备开展施工，如材料的场外制作、现场安装；施工作业面全面开展后，为充分使用施工现场、施工机具，可采用流水作业；采用先进的管理模式，提高工作效率；赶工期间，注意后勤的保障，晚上加班时，及时提供宵夜；根据施工的具体情况，制定一定的奖罚措施；加强员工的思想教育，树立业主的需求就是自己的需求的思想。

6-5　力争工期提前的技术措施

本工程装饰区域较集中，交叉施工作业面也很多，所以相对来说工期比较紧。同时将充分利用公司的技术优势，保证投标工期的实现，并力争将工期提前，以便尽可能多地留给业主投入使用的时间。为达到这一目的，本项目将采取相应措施，以保证施工按期保质完成：增加施工人员，同时进场开始施工；每个施工区采用流水作业，加快施工进度；当上道工序留下操作面时，即可进行下道工序施工；橱柜、浴室柜、室内门等构件，采用在公司家具厂制作、现场安装的方式；湿作业如涂料工程、刮糙、补洞等，尽量安排在先，留出干燥时间，为下道工序开创条件；放样细化，把每一个工序和节点均目标化，突出作业时间，抓好每一个小环节；抢工期的同时，抽调精干人员组成专业的收头队伍，保证在抢工期时不影响质量。

6-6　可能影响工期的因素以及解决措施

1. 可能影响工期的因素

在施工现场，因施工类别多，存在着相互间交叉或协同作业，若施工现场工期进展配合施工项目不到位，会在一定程度上制约工期进展。因业主需要，设计方案发生重大变更，或某些部位设计进行调整，用材变换，施工管理人员、施工技术人员、施工设备数量不足，施工材料不能及时到位等情况都会影响工期。

2. 针对以上问题采取的解决措施

在施工现场设现场办公室，并指定 1 名管理人员协调监理单位、业主之间的关系，及时发现问题，及时解决问题，使施工顺利进行。依靠业主的支持与配合，由项目技术人员负责与设计及业主及时沟通，迅速解决现场施工与设计之间的问题。根据进度计划，编制详细的资金使用表，使资金发挥最大利用率。根据本工程量的需要，组织有能力的项目班子，并编制详细的劳动力使用计划。由公司及时调整施工劳动力，及时提出材料用量计划（并充分考虑加工周期），公司物资部与现场采购员分别负责采购任务。采用先进的管理体系，提高工作效率。

第七部分　成品保护方案和技术措施

7-1　成品保护的目的

为加快先进技术与现代管理方法和手段在项目的运用，应努力降低成本，提高工程质量，以确保全面实现对业主的承诺。施工现场随着施工进行，成品保护工作显得尤为重要，做好成品保护工作，是在施工过程中要对已完分项进行保护，否则一旦造成损坏，将会增加修复工作，带来工、料浪费、工期拖延及经济损失。因此成品保护是施工管理的重要组成部分，是保证施工生产顺利进行的主要环节。

7-2 成品保护的范围

工程一切材料、设备、成品、半成品，其中最主要的如下内容。

（1）工程设备 卫生洁具、开关、灯具、强电弱电配套设施、厨房设备、各种电箱等。

（2）装饰过程中的工序产品 墙面、顶棚、楼地面装饰、门窗，卫生淋浴间及防水工程等。

7-3 完善成品和半成品保护方案

装修施工期间，由于工期较紧，装修等级较高，各工种交叉频繁，对于成品和半成品，容易出现二次污染、损坏和丢失。工程装修材料、成品和半成品如一旦出现污染、损坏或丢失，势必影响工程进展，增加额外费用，装修施工阶段成品和半成品保护的主要措施如下。

① 分阶段、分专业制定专项成品保护措施，并严格实施。

② 设专人负责成品保护工作。

③ 制定正确的施工顺序：制定重要房间（或部位）的施工工序流程，将结构、水、电、消防等各专业工序相互协调，排出一个房间（或部位）的工序流程表，各专业工序均按此流程进行施工，严禁违反施工程序的做法。

④ 做好工序标识工作：在施工过程中对易受污染、破坏的成品、半成品标识"正在施工，注意保护"的标牌。

⑤ 采取"护、包、盖、封"的保护措施对成品和半成品进行防护。安排专人经常巡视检查，发现现有保护措施损坏，要及时恢复。

⑥ 工序交接采用书面形式，由双方签字认可，由下道工序作业人员和成品保护负责人同时签字确认，并保存工序交接书面材料，下道工序作业人员对防止成品的污染、损坏或丢失负直接责任，成品保护专人对成品保护负监督、检查责任。

⑦ 施工作业前应熟悉图纸，制订多工种交叉施工作业计划，既要保证工程进度，又要保证交叉施工不产生相互干扰，防止盲目赶工期，造成互相损坏、反复污染等现象的产生。

⑧ 提高成品保护意识，以合同、协议等形式，明确各工种对上道工序质量的保护责任及本工序工程防护，提高产品保护的责任心。

⑨ 在工程收尾阶段，有专人分层、分片看管，以防产品损坏。

⑩ 在装饰进度到达面层饰面阶段时，在各楼层设置成品保护员，每天 24h 巡视现场。

⑪ 每一装饰项目完工后，派专人进行清理，做好成品、半成品的质量防护工作，同时将一些重要的区域用围栏围起来，重要的部位用废料或包装箱包起来，加强保护，防止损坏。

⑫ 不得在半成品、成品上涂写、敲击、刻划。

⑬ 作业架子拆除时应注意防止碰撞成品、半成品，脚手架应轻放。

7-4 成品保护技术措施

一、防水工程成品保护

① 已施工好的防水层，应及时采取保护措施，在未做好保护层以前，不得穿带钉鞋在防水层上行走，更不得进行下一道工序施工，以免破坏防水层。

② 突出面层的管根、地漏、排水口、卫生洁具等处的周边防水层不得碰损，部件不得变位。

③ 涂膜防水层施工后，固化前不得上人走动，以免破坏涂膜防水层，造成渗漏的隐患。

④ 在防水层施工过程中，应注意保护有关门口、墙面等部位，防止污染成品。

⑤ 水泥基渗透结晶型防水涂刷完毕后，应立即喷水养护，使表面始终处于潮湿的环境中，以防止涂层过快干燥，造成表面起皮、龟裂，影响防水效果。养护一般应连续 2~3 天，必须在施工 48h 内湿水浸泡等。

二、喷涂工程成品保护

① 刷（喷）浆工序与其他工序要合理安排，避免刷（喷）后其他工序又进行修补工作。

② 刷（喷）浆时室内外门窗、玻璃、水暖管线、电气开关盒、插座和灯座及其他设备不刷（喷）浆的部位，及时用废报纸或塑料薄膜遮盖好。

③ 涂装作业开始前，应清理周围环境，扫除粉尘。涂料面未干燥前，应防止尘土沾污。

④ 刷（喷）浆前对已完成的地面面层进行保护，严禁落浆造成污染。

⑤ 移动浆桶、喷浆机等施工工具时严禁在地面拖拉，防止损坏地面。

⑥ 严禁用脏手触摸涂料表面。

三、墙板成品保护

① 所有产品都要水平码放，严禁斜靠墙面。

② 搬运、堆放、安装过程中严禁点状冲击或重力冲击。

③ 墙板入场，存放使用过程中应妥善保管，保证不变形、不污染、无损坏。

④ 墙板安装完成后，后续还有很多的项目需要安装。所以，一定要注意不得用硬物碰撞，以免划伤表面，造成不可修补的缺陷。完成后不得在墙附近进行湿作业，以免污染。

四、地板成品保护

① 如墙板安装完成，最好用包装箱纸壳或彩条布对墙板给予保护。

② 所有产品都要水平码放，严禁斜靠墙面。

③ 搬运、堆放、安装过程中严禁点状冲击或重力冲击。

④ 地暖模块上严禁垂直打入钉类或钻孔，以防破坏模块内地暖管。

⑤ 架空系统每平方米静荷载极限为 1.0t，码放物品时请勿超过此质量。

⑥ 地暖模块及管铺设完成后应打压试验并做好记录，全部合格后才能进行下部工序。

⑦ 地板边角破损：在运输、码放与安装过程中均要注意对材料的保护。

⑧ 地面污染：成品保护差，油浆活施工前不采取保护措施，污染后不易清理；铺贴前刷胶太厚，应随铺随清净，滚压时胶液外溢，污染地面，接缝处胶痕多，不易涂擦。

五、吊顶成品保护

① 吊顶所需材料，如板材、龙骨等，不可在其上坐、踩、行走、休息和堆放其他物品。

② 在吊顶作业安装封面板前，其他项目应将各自该干的活干完，装完面板后，不可再揭开施工。

③ 内装吊顶龙骨施工时，往往是空调风、水管道、保温安装已结束，在安筋时应在保证吊筋间距满足规范的前提下，不破坏所有的保温材料。不能因施工方便而踩踏已保温好的管道，同时对保温不到位的部位还应提醒安装单位及时修补缺陷，设置吊筋时应和保温管道保留 5cm 以上的间距，不得挤挨保温管道，如果避让后无法满足吊筋间距，则采用角钢扁担的方式进行解决。

六、灯具、插座的保护

① 灯具安装时，应注意保持墙面、地面、顶棚的清洁，不得污损。

② 其他工种作业时，应注意不得损伤已经安装好的灯具，灯具安装完毕后，可用原包装塑料袋罩盖灯具防尘。

③ 室内安装的灯具，应关门上锁，以防损坏丢失。

七、卫生洁具的保护

① 洁具在搬运和安装时要防止磕碰。稳装后洁具排水口应用防护用品堵好，镀铬零件用纸包好，以免损坏。

② 洁具稳装后，为防止配件丢失或损坏，如拉链、堵链等材料、配件应在竣工前统一安装。

③ 安装完的洁具要加以保护，防止洁具瓷面受损和整个洁具损坏。

④ 通水试验前要检查地漏是否畅通，分户阀门是否关好，然后按层段分房间进行通水试验，以免漏水，使装修工程受损。

第八部分 售后服务、保障承诺及措施

一、工程回访与保修

工程回访和维修服务也是整个工程质量的延续，在工程竣工交付使用后，应调查掌握工程质量情况，

了解业主的要求，及时解决发现的质量问题，做好竣工后的服务工作。

从工程交付之日起，本项目的工程保修工作随即展开，在保修期间，本项目将依照建筑工程质量管理条例，成立保修小组进行现场办公，本着对业主负责的态度，以有效的制度和措施，优质、迅速的服务，做好工程保修工作。工程正常投入使用后，本项目将定期和不定期地对业主进行回访，征求业主的意见并及时解决存在的问题，并按照要求提供每月、每季、半年、一年的维修检查。

二、回访和保修工作流程

回访和保修工作流程如下图所示。

三、保修期限与承诺

本工程保修起始日期自工程竣工验收合格之日起计算，保修五年。

工程保修期过后，本项目仍有回访保修人员定期进行回访，严格遵守业主与我方签订的维修合同，继续为业主提供维修服务。

1. 保修责任

本项目在接到业主质量保修通知之时起，必须在一天内到达现场检查情况并及时予以保修。如发生涉及安全或者严重影响使用功能的紧急抢救事故，本项目在 4h 内到达现场抢修。

本项目对合同范围内的施工质量保修负全部责任，若非施工方原因造成的质量缺陷，保修小组可受业主委托后给予维修。

2. 保修措施

本工程交付后，本项目将建立本工程保修业务档案，成立现场工程保修小组，提供 24h 随传随到的服务。工程保修小组由工作认真、经验丰富、技术好、能力强的原项目经理部的管理人员和作业人员组成，在工程交付使用后的一年内，保修小组将配合业主做好各种保修工作，保修小组人员通讯联络方式及从事保修工作时间在机电安装工程操作维护手册中予以标明。

现场工程保修小组在接到业主的维修要求后，立即到达故障现场，积极与业主商定解决、处理办法，对于一般故障，保修工作将在 12h 内处理完毕，对于重大设备故障，首先解决满足使用功能的问题，保修工作将在 2～3 个工作日内完成，若维修人员在维修过程中，未按国家规范、施工验收标准和设计要求进行维修，由此造成维修延误或者维修质量问题，由本项目负责；维修实施时认真做好成品及环境卫生保护。

3. 保修记录

保修记录主要有以下内容。

① 承建工程维修台账。

② 工程保修卡。

③ 工程回访报告。

④ 工程质量维修通知书。

⑤ 维修任务书。

4. 定期回访制度

自本工程交付之日起每三个月组织回访小组对本工程进行回访，小组由项目经理、本项目生产、技术等有关业务部门负责人组成。

在回访中，业主提出的任何质量问题和意见，本项目都将虚心听取，认真对待，同时做好回访记录。凡属施工方责任的质量缺陷，应认真提出解决办法并及时组织保修实施。

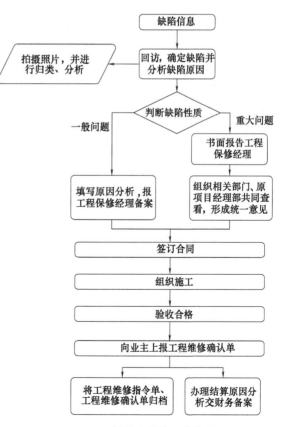

回访和保修工作流程

第6章
质量验收

6.1 一般规定

　　室内装配式装修工程验收应对住宅室内装配式装修工程进行分户或分阶段质量验收，对公共建筑室内装配式装修工程按照功能区间进行分阶段质量验收。

　　住宅室内装配式装修工程分户质量验收按下列规定划分检验（批）单元。

　　① 住宅套内空间作为子分部工程检验单元。

　　② 住宅交通空间的走廊、楼梯间、电梯间公共部位作为子分部工程检验单元。

　　公共建筑室内装配式装修工程质量按主要功能空间、交通空间和设备空间进行分阶段质量验收。

　　室内装配式装修部品的品种、规格、性能应符合设计要求及现行国家、地方及相关行业规范标准的规定，进场主要内装部品及材料应进行现场见证、取样复验、组批原则。

　　室内装配式装修工程质量分户、分阶段验收应符合下列规定。

　　① 工程质量分户验收前应进行室内环境检测。

　　② 每一检验单元计量检查项目中，主控项目全部合格，一般项目应合格；当采用计数检验时，至少应有 85% 以上的检查点合格，且检查点不得有影响使用功能或明显影响装饰效果的缺陷，其中有允许偏差的检验项目，最大偏差不超过允许偏差的 1.2 倍。

　　室内装配式装修工程装修内装部品体系应按隔墙、吊顶、地面、门窗、储藏收纳、集成式卫生间、集成式厨房（分项）等子分部工程合理规划其分项工程、检验批等质量要求进行验收。设备内装部品体系应按其对应的分部工程进行。

　　室内装配式装修工程验收应符合《建筑装饰装修工程质量验收规范》（GB 50210）中的规定，还应符合本规程要求。

　　室内环境验收应符合《民用建筑工程室内环境污染控制规范》（GB 50325）中的规定。

6.2 快装轻质隔墙与墙面

6.2.1 材料验收

　　当采用轻钢龙骨硅酸钙复合板隔墙或墙面时，主要材料应符合以下要求。

① 纤维增强硅酸钙板原材的主要力学性能、物理性能指标应符合《纤维增强硅酸钙板 第1部分：无石棉硅酸钙板》（JC/T 564.1）中的要求。

② 硅酸钙复合板成品板材厚度不应小于8mm，其主要力学性能、物理性能指标应满足表6-1的要求。

表 6-1　硅酸钙复合板墙板主要力学性能、物理性能指标

项　目		单位	性能指标
力学性能	抗折强度Ⅲ级	MPa	≥13
	抗冲击性	次	3
	抗弯承载力	kPa	≥0.8
物理性能	密度	g/cm³	≥1.25
	不透水性	h	≥24
	含水率	%	≤10
	湿胀率	%	≤0.25
	燃烧性能	—	A级不燃材料
	涂层附着力	等级	2级
	铅笔硬度	H	2H

③ 硅酸钙复合板墙面的成品板材，其饰面层采用壁纸类材质包覆的，应整体包覆到侧面。其饰面层采用UV漆涂装的，底涂与基层应复合牢固。

④ 饰面板间采用工字形等机械连接构造时，裸露外面的铝型材表面应做纯碱砂或包覆处理。

⑤ 饰面板采用粘接方式时，粘接材料应采用结构密封胶，其性能应符合《建筑用硅酮结构密封胶》（GB 16776）中的要求。

⑥ 岩棉应符合《建筑用岩棉、矿渣棉绝热制品》（GB/T 19686）中的要求。

⑦ PE防水防潮隔膜应符合《土工合成材料聚乙烯土工膜》（GB/T 17643）中的要求。

⑧ 镀锌轻钢龙骨在工厂断切，应以机械式挤压，严禁锯裁破坏镀锌层。

⑨ 轻钢龙骨应符合《建筑用轻钢龙骨》（GB/T 11981）中的要求，主要性能指标应满足表6-2的要求。

表 6-2　轻钢龙骨规格及主要性能

项目	50mm 沿顶及沿地龙骨	50mm 竖向龙骨	38mm 横向龙骨
断面尺寸（$A \times B \times t$）	50mm×35mm×0.6mm	50mm×45mm×0.6mm	38mm×10mm×0.8mm
外观质量	外形平整,棱角清晰,切口无毛刺变形,镀锌层无起皮、起瘤、脱落,龙骨无腐蚀、无损伤、无麻点,每米长度内面积不大于1cm²的黑斑不多于3处	外形平整,棱角清晰,切口无毛刺变形,镀锌层无起皮、起瘤、脱落,龙骨无腐蚀、无损伤、无麻点,每米长度内面积不大于1cm²的黑斑不多于3处	外形平整,棱角清晰,切口无毛刺变形,镀锌层无起皮、起瘤、脱落,龙骨无腐蚀、无损伤、无麻点,每米长度内面积不大于1cm²的黑斑不多于3处
双面镀锌层厚度/μm	≥14	≥14	≥14
尺寸偏差/mm	尺寸A≤0.5 尺寸B≤1.0	尺寸A≤0.5 尺寸B≤1.0	尺寸A≤0.5 尺寸B≤1.0
侧面平直度	≤1.0mm/1000mm	≤1.0mm/1000mm	≤2.0mm/1000mm
地面平直度	≤2.0mm/1000mm	≤2.0mm/1000mm	≤2.0mm/1000mm

续表

项目	50mm 沿顶及沿地龙骨	50mm 竖向龙骨	38mm 横向龙骨
内角半径/mm	≤1.50	≤1.50	≤1.75
角度偏差/(°)	≤1.5	≤1.5	≤2
抗冲击试验	墙体龙骨残余变形量不大于10.0mm	墙体龙骨残余变形量不大于10.0mm	墙体龙骨残余变形量不大于10.0mm
静载试验	墙体龙骨残余变形量不大于2.0mm	墙体龙骨残余变形量不大于2.0mm	墙体龙骨残余变形量不大于2.0mm

⑩ 进场验收需要提供的相关资料如下：

a. 主要材料龙骨、岩棉、硅酸钙复合板、胶类材料进场需要提供生产厂家资质、检测报告、材料合格证。

b. 岩棉、硅酸钙复合板、胶类材料进场需做进场复试，复试合格后方可使用。

6.2.2 连接节点验收

隔墙龙骨安装完后，宜进行整体中间验收并做记录。

① 龙骨是否有扭曲变形。

② 沿地龙骨之间是否平行，是否有松动。

③ 管线是否有凸出外露。

检测项目、允许偏差及检验方法见表6-3。

表 6-3 检测项目、允许偏差及检验方法

项次	项目	允许偏差/mm	检验方法
1	龙骨间距	≤3	用钢直尺或卷尺
2	竖龙骨垂直度	≤3	用线坠或带水平仪靠尺
3	整体平整度	≤2	用2m靠尺检查
4	附加设备、管道	是否外露和固定	目测和用2m靠尺检查

6.2.3 龙骨及加强部位验收

（1）门窗洞口的制作

① 沿地龙骨在门及落地窗洞口处断开。

② 在门、窗洞口两侧竖立附加竖龙骨；门、窗洞口上樘用横龙骨制作，开口向上，上樘与沿顶龙骨之间插入竖龙骨，其间距应比隔墙的其他竖龙骨加密（如门、窗较重或宽度＞1800mm，还应采取加固措施）。用同样方法制作窗口下樘。

（2）附加设备和固定件

① 根据设计要求，当隔墙上设置配电箱、消火栓、脸盆、水箱时，各种设备的固定连接件，均应按设计要求在安装骨架时预先将连接件与骨架连接牢固。对墙内和墙外的吊挂重物及附墙安装的扶杆等受力部件位置须加设龙骨做加强处理。

② 隔墙上的管线也要求按照设计增加固定龙骨，当管线布置需要穿过龙骨时，龙骨要按照设计要求进行加强并增加连接件。

（3）装配式隔墙工程 应对下列隐蔽工程项目进行验收。

① 龙骨隔墙中设备管线的安装及水管试压。

② 龙骨安装。

③ 预埋件。

④ 隔声材料填充设置。

⑤ 防水层铺设。

（4）装配式隔墙工程　应在监理见证下进行饰面板与龙骨粘接样件拉拔试验。

（5）卫生间内侧隔墙　安装的防水层应严密，无磨损，与地面防水层粘接牢固。

检验方法：目测检查，手扳检查。

（6）钢龙骨安装　应符合设计要求，安装位置正确，龙骨应连接牢固，无松动。与周边墙体的连接符合设计要求。竖龙骨、横龙骨安装允许偏差为±10mm。

检验方法：尺量检查，查看隐蔽工程验收记录。

6.2.4　隔墙填充验收

① 填充材料：矿棉，厚度 50mm，且符合《建筑用岩棉、矿渣棉绝热制品》（GB/T 19686）中的要求。

② 填充材料应干燥，铺设厚度均匀、平整，填充饱满。

检验方法：观察检查，检查隐蔽工程验收记录。

6.2.5　隔墙内管线验收

① 采用隔墙内管线节点细部做法。

② 墙体管口预留尺寸与管外径预留应大于 1cm。

③ 当管外径大于 160mm 时，两侧应安装附加龙骨。

6.2.6　墙面粘接点验收

硅酸钙复合板采用硅酮（聚硅氧烷）结构胶与轻钢龙骨进行点粘，对于标准板，每根横龙骨不少于三个粘接点，单点粘接后面积不小于 40mm×40mm。采用定制 C 形卡进行固定，常温待 24h 粘接牢固后取掉回收。面板粘贴后用靠尺检查平整和垂直，如偏差过大应及时修复，直到合格为止。

6.2.7　面层及细部做法验收

饰面墙板应用结构密封胶固定，粘接在横龙骨上。饰面板安装必须牢固，无脱层、翘曲、折裂、缺棱、掉角。饰面板所用接缝材料的品种及接缝方法应符合设计要求。

检验方法：目测检查，手扳检查；查看检测报告。

饰面墙板表面应平整、洁净、拼缝平直。套裁电气盒盖位置准确，接缝整齐。

检验方法：尺量检查（表 6-4）。

表 6-4　装配式隔墙工程的允许偏差和检验方法

项次	项目	允许偏差/mm	检验方法
1	立面垂直度	3	用 2m 托线板（垂直检测尺）
2	表面平整度	3	用 2m 靠尺和塞尺检查
3	阴阳角方正度	3	用方尺和塞尺检查

续表

项次	项目	允许偏差/mm	检验方法
4	接缝直线度	2	拉 5m 线，不足 5m 拉通线，用钢直尺检查
5	压条直线度	2	拉 5m 线，不足 5m 拉通线，用钢直尺检查
6	接缝高低差	1	用钢直尺和塞尺检查

6.3　装配式吊顶

当采用硅酸钙复合板吊顶时，主要材料应符合以下要求。

板材原材料宜采用 5mm 厚无石棉硅酸钙板，其主要力学性能、物理性能指标应符合《纤维增强硅酸钙板　第 1 部分：无石棉硅酸钙板》（JC/T 564.1）中的要求。

硅酸钙复合板成品吊顶板材厚度不应小于 5mm。饰面层采用壁纸类材质包覆时，应整体包覆到背面。饰面层采用 UV 漆涂装时，底涂与基层应复合牢固。

采用铝型材上字形、几字形、L 字形的吊顶龙骨为集成饰面成品吊顶板连接构造时，裸露外面的铝型材表面需做纯碱砂或包覆处理。

当采用金属板、矿棉吸声板等吊顶板时，其龙骨及吊顶板应符合国家和北京市相关要求。

6.3.1　进场验收需要提供的相关资料

① 主要材料铝型材、吊顶板、风管、风扇等进场需要生产厂家资质、检查报告（复试结果应符合验收规范的要求）、合格证。

② 矿棉吸声板进场需做具有防火要求的复试。

6.3.2　几字形龙骨安装验收

龙骨的材质、规格、安装间距及连接方式应符合设计要求。

检验方法：目测检查、尺量检查、按产品合格证书检查。

吊顶标高、尺寸、造型应符合设计要求，检验方法：目测检查，尺量检查。

6.3.3　吊顶内管线隐蔽验收

（1）配电工程　暗线是否有管套，电话线、闭路电视线路、计算机网线等是否通畅，电线的直径是否符合设计要求，接地是否完成，电线分路是否合理。

（2）水暖工程　是否完成打压，管线接头是否严密。

6.3.4　T 字形龙骨安装验收

① 龙骨的高度、位置是否准确。

② 龙骨的间距是否符合要求。

③ 龙骨的挂件及加强部位是否符合要求。

6.3.5　吊顶板面层及细部做法验收

饰面材料的材质、品种、图案及颜色应符合设计要求。

检验方法：目测检查、进场复验（查看检验报告）、按产品合格证书检查。

饰面材料的安装应稳固严密，饰面材料与龙骨的搭接宽度应大于龙骨受力面宽度的2/3。

饰面材料表面应洁净、色泽一致，不得翘曲、裂缝及缺损。饰面板与龙骨的搭接应平整、吻合，压条应平直、宽窄一致。

检验方法：目测检查，尺量检查。

饰面板上的灯具、喷淋头、风口箅子等设备的位置应合理、美观，与饰面板的交接应吻合、严密。

检验方法：目测检查。

装配式吊顶工程的允许偏差和检验方法应符合表 6-5 的规定。

表 6-5　装配式吊顶工程的允许偏差和检验方法

项次	项目	允许偏差(饰面板)/mm	检验方法、检查数量
1	表面平整度	2	用 2m 靠尺和塞尺检查,各平面四角处
2	接缝直线度	3	拉 5m 线(不足 5m 拉通线)用钢直尺检查,各平面抽查两处
3	接缝高低差	1	用钢直尺和塞尺检查,同一平面检查不少于 3 处

6.4　装配式架空地面

6.4.1　材料验收

当采用模块式架空楼地面时，快装楼地面的主要材料应符合以下要求。

模块式架空楼地面应参照《建筑结构监测技术标准》进行集中荷载、均布荷载、极限承载力的检验，其均布荷载承载力不应小于 1000kg/m^2。

模块式架空楼地面采用供暖型地板模块时，架空楼地面应参照《预制轻薄型地暖板散热量测定方法》进行检测，热工性能应符合工程设计及设备技术文件要求。

模块式架空楼地面中地板模块原材料应采用优质冷轧连续热镀锌卷板，其表面镀锌量应不小于 60g/m^2。

地暖模块的填充材料模塑泡沫板，应符合《绝热用模塑聚苯乙烯泡沫塑料（EPS）》（GB/T 10801.2）中的要求。

模块式架空楼地面中的可调节地脚组件，应在 20～90mm 内灵活调整架空层的高度。

模块式架空楼地面的板材原材料采用无石棉增强硅酸钙板时，其主要力学性能、物理性能指标应符合《纤维增强硅酸钙板　第 1 部分：无石棉硅酸钙板》（JC/T 564.1）中的要求，见表 6-6。

表 6-6　无石棉增强硅酸钙板主要力学性能、物理性能指标

项目		单位	性能指标
力学性能	断裂载荷	N	＞110
	抗冲击性	次	3
物理性能	密度	g/cm³	＞1.2/≤1.4
	燃烧性能	—	A 级不燃材料

面层采用硅酸钙复合板、石塑片材时，应参照 GB/T 18102—2007/AMD.1—2009 第 6.3.11 节、《半硬质聚氯乙烯块状地板》（GB/T 4085—2005）进行检测，其主要性能应符合表 6-7 的要求。

表 6-7　硅酸钙复合板地板、石塑地板主要性能

项　　目	硅酸钙复合板标准要求	石塑地板标准要求	
		G 型	H 型
耐旋转磨耗/转	≥6000	—	—
耐磨性（CT 型）/转	—	≥1500	≥5000

进场验收需要提供的相关资料如下。

a. 主要材料进场需要生产厂家资质、检测报告（复试结果应符合验收规范的要求）、合格证。

b. 涂装地板厂家应提供防火性能的检测报告。

6.4.2　地脚安装验收

① 支撑脚材质应符合设计要求，具有防火、防腐性能。

检验方法：查看检测报告。

② 支撑脚应按设计要求的位置进行布设，间距允许偏差为±5mm。

检验方法：目测检查，尺量检查。

6.4.3　架空层内部管线验收

① 地面内管道、设备的安装及水管试压。

② 敷设于地板模块内的地暖加热管不应有接头。

检验方法：隐蔽前观察检查。

③ 地暖加热管隐蔽前必须进行水压试验，具体应符合《建筑给水排水及采暖工程施工质量验收规范》（GB 50242）中的相关要求。

④ 地暖加热管弯曲部分曲率半径不应小于管道外径的 8 倍。

检验方法：尺量检查。

⑤ 地暖分集水器的型号、规格及公称压力应符合设计要求，分集水器中心距地面不小于 300mm。

检验方法：查看检测报告，尺量检查。

⑥ 地暖加热管管径、间距和长度应符合设计要求，间距允许偏差为±10mm。

检验方法：尺量检查。

6.4.4　地暖模块验收

① 地面架空标高尺寸高度应符合设计要求，高度允许偏差为±5mm。

检验方法：尺量检查。

② 地板模块与支撑脚连接牢固，无松动。

检验方法：目测检查，手扳检查。

③ 地面饰面板应符合设计要求，具有耐磨、防滑、防潮、阻燃、耐污染及耐腐蚀等性能。

检验方法：查看检测报告。

④ 地板模块应排列整齐、接缝均匀、周边顺直。

检验方法：目测检查。

6.4.5 快装地面粘接点验收

地板与基层采用结构胶粘接，每块板进行五点梅花形布置，点边距为50mm，点直径为30mm，板缝采用工字铝型材连接。室内门除卫生间过门处外均采用同材质过门条。地板与门框下槛接缝处打密封胶处理。

6.4.6 快装地面面层及细部做法验收

① 架空地面系统工程采用材料的品种、规格、等级、颜色、燃烧性能、防潮及防腐等性能应符合设计要求和国家现行相关标准的规定。

检验方法：进场复验，查看检测报告。

② 饰面层与地板模块应连接牢固，表面平整，接缝整齐。

检验方法：目测检查。

③ 饰面层表面应平直，颜色、纹理协调一致，洁净无胶痕，板间接缝均匀。

检验方法：目测检查。

④ 架空地面系统工程的允许偏差和检验方法应符合表6-8的规定。

表6-8　架空地面系统工程安装的允许偏差和检验方法

项次	项目	允许偏差/mm	检查方法
1	板面缝隙宽度	±0.5	用钢尺检查
2	表面平整度	2	用2m靠尺和楔形塞尺检查
3	踢脚线上口平齐	2	拉5m通线，不足5m拉通线和用钢尺检查
4	板面拼缝平直	3	
5	相邻板材高差	0.5	用钢尺和楔形塞尺检查
6	踢脚线与面层的接缝	1	楔形塞尺检查

6.5 集成式卫生间

6.5.1 材料验收

模块式架空楼地面采用整体防水底盘时，主要性能应符合表6-9的规定。

表6-9　PVC防水材料主要性能指标

项　目	单　位	性能指标
成品克重	g/m²	550
成品厚度	mm	0.45
拉伸强度（经/纬）	N/5cm	1100/900
撕裂强度（经/纬）	N	120/120
剥离强度	N/5cm	40

整体防水底盘主要性能应符合以下要求：

① 整体防水底盘应一次性热塑成型，原材料厚度不应低于4mm；

② 整体防水底盘制造应有换模技术，生产满足多样化规格、形状、任意位置开孔的需要；

③ 整体防水底盘转角部位应加强处理。

整体防水底盘主要性能指标应符合表 6-10 要求。

表 6-10　整体防水底盘主要性能指标

项目	性能指标要求
外观	内表面无小孔、裂纹、气泡、缺损等缺陷;外表面无缺损、毛刺、固化不良等缺陷;其他无针孔、颜色不均、变形等缺陷
耐渗水性	无渗漏现象
耐污染性	色差不应大于 3.5

当采用架空活动地板楼地面时，快装楼地面的主要材料应符合《防静电活动地板通用规范》（SJ/T 10796）中的相关要求。

集成式卫生间浴室柜宜采用环保、防潮、防霉、易清洁、不易变形的材料，台面板宜采用硬质、耐久、防水、抗渗、易清洁、强度高的材料。

进场验收需要提供的相关资料：主要材料进场需要生产厂家资质、检测报告（复试结果应符合验收规范的要求）合格证。

6.5.2　基层涂膜防水层验收

① 卫生间地面应做二次蓄水试验，每次蓄水试验合格后方可进行下一道工序。

检验方法：在防水层完成后进行蓄水试验，蓄水高度地面最高点处不应小于 20mm，蓄水时间不应少于 24h。

② 卫生间地面防水层表面应平整，粘接密实。防水层在排水管根接缝处应严密，不渗漏。

检验方法：目测检查。

集成式卫生间安装允许偏差和检验方法见表 6-11。

表 6-11　集成式卫生间安装允许偏差和检验方法

序号	项目	质量要求及允许偏差	检验方法
1	外表面	表面应光洁平整,无裂纹、气泡,颜色均匀,外表没有缺陷	观察
2	整体防水底盘	±5mm	钢尺测量
3	饰面墙板接缝	平整,胶缝均匀	观察
4	配件	外表没有缺陷	观察,手扳

6.5.3　架空模块验收

卫生间架空模块采用 20mm 厚薄型架空模块按施工图进行加工和铺装，在两板之间安放可调支脚，靠墙部位长边需打调节孔并内移支脚，端距为 50mm，中距为 300mm，模块根据不同部位调整相应标高，淋浴区低于非淋浴区地面 10mm，卫生间内低于卫生间外 10mm，模块间拼缝 10mm，其采用聚氨酯填缝剂灌缝且修铲平整。

6.5.4　防水底盘安装验收

防水底盘与同层排水支管采用专用排水口法兰连接，整体地面采用 ABS 材质，翻边不少于 40mm，安装时采用结构胶粘接，600mm 梅花形点粘，点径为 30mm。整体地面必须达到水平，防止倒坡，保证地面压印，沟槽能够排净地面水。

6.5.5　墙体 PE 防水防潮膜验收

墙体 PE 防水防潮膜与整体地面搭接不小于 30mm，搭接处采用 20mm 宽蛇胶条粘接且严密，形成整体防水防潮层，且注意搭接方向及位置。

6.6　集成式厨房

6.6.1　材料验收

集成式厨房的橱柜采用三聚氰胺板时，柜体板厚度不应低于 16mm；柜门板厚度不应低于 18mm；人造石台面板材最薄应≥12mm，且应设不少于 3 道通长抗剪肋条，台面厚度应≥18mm；单块不锈钢台面长度不能超过 3m。

6.6.2　橱柜安装点位验收

集成式厨房安装允许偏差和检验方法见表 6-12。

表 6-12　集成式厨房安装允许偏差和检验方法

项　目		质量要求及允许偏差	检验方法
橱柜和台面等外表面		表面应光洁平整，无裂纹、气泡，颜色均匀，外表没有缺陷	观察
洗涤池、灶具、操作台、排油烟机等设备接口		尺寸误差满足设备安装要求	钢尺测量
橱柜与顶棚、墙体等处的交接、嵌合，台面与柜体结合		接缝严密，交接线应顺直、清晰、美观	观察
柜体	外形尺寸	3mm	钢尺测量
	两端高低差	2mm	钢尺测量
	立面垂直度	2mm	激光仪测量
	上、下口平直度	2mm	
	柜门并缝或与上部及两边间隙	1.5mm	钢尺测量
	柜门与下部间隙	1.5mm	钢尺测量

6.6.3　橱柜成品验收

橱柜安装的允许偏差和检验方法见表 6-13。

表 6-13　橱柜安装的允许偏差和检验方法

项　目	允许偏差/mm	检查方法
外形尺寸	3	用钢尺检查
立面垂直度	2	用 1m 垂直检测尺检查
门与框架的平行度	2	用钢尺检查

进场验收需要提供的相关资料如下。

① 主要材料进场厂家需提供生产厂家资质、检测报告（复试结果应符合验收规范的要求）、合格证书。

② 柜体板进场需做进场复试，合格后方可使用。

6.7 给水管道

6.7.1 材料验收

生活给水管道材料应满足饮用水卫生标准。

进场验收需要提供的相关资料如下。

① 主要材料进场厂家需提供生产厂家资质、检测报告（复试结果应符合验收规范的要求）、合格证书。

② 橡塑保温管进场需做进场复试，复试合格方可使用。

6.7.2 给水管安装验收

① 适用于工作压力不大于 1.0MPa 的室内给水和消火栓系统管道安装工程的质量检验与验收。

② 给水管道必须采用与管材相适应的管件。生活给水系统所涉及的材料必须达到饮用水卫生标准。

③ 管径小于或等于 100mm 的镀锌钢管应采用螺纹连接，套丝扣时破坏的镀锌层表面及外露螺纹部分应做防腐处理；管径大于 100mm 的镀锌钢管应采用法兰或卡套式专用管件连接，镀锌钢管与法兰的焊接处应二次镀锌。

④ 给水塑料管和复合管可以采用橡胶圈接口、粘接接口、热熔连接、专用管件连接及法兰连接等形式，塑料管和复合管与金属管件、阀门等的连接应使用专用管件连接，不得在塑料管上套丝。

⑤ 给水铸铁管管道应采用水泥捻口或橡胶圈接口的方式进行连接。

⑥ 铜管可采用专用接头或焊接，当管径小于 22mm 时宜采用对口焊接，承口应迎介质流向安装；当管径大于或等于 22mm 时宜采用对口焊接。

⑦ 给水立管和装有 3 个或 3 个以上配水点的支管始端，均应安装可拆卸的连接件。

⑧ 冷、热水管道同时安装应符合下列规定。

a. 上、下平行安装时热水管应在冷水管上方。

b. 垂直平行安装时热水管应在冷水管左侧。

⑨ 给水管道及配件安装。

a. 主控项目

ⓐ 室内给水管道的水压试验必须符合设计要求。当设计未注明时，各种材质的给水管道系统试验压力均为工作压力的 1.5 倍，但不得小于 0.6MPa。

检验方法：金属及复合管给水管道系统在试验压力下观测 10min，压力降不应大于 0.02MPa，然后降到工作压力进行检查，应不渗不漏；塑料管给水系统应在试验压力下稳压 1h，压力降不得超过 0.05MPa，然后在工作压力的 1.15 倍状态下稳压 2h，压力降不得超过 0.03MPa，同时检查各连接处，不得有渗漏现象。

ⓑ 给水系统交付使用前必须进行通水试验并做好记录。

检验方法；观察和开启阀门、水嘴等放水。

ⓒ 生活给水系统管道在交付使用前必须冲洗和消毒，并经有关部门取样检验，符合国家《生活饮用水标准》方可使用。

检验方法：检查有关部门提供的检测报告。

ⓓ 室内直埋给水管道（塑料管道和复合管道除外）应做防腐处理。埋地管道防腐层材质和结构应符合计要求。

检验方法：观察或局部解剖检查。

b. 一般项目

ⓐ 给水引入管与排水排出管的水平净距不得小于 1m。室内给水与排水管道平行敷设时，两管间的最小水平净距不得小于 0.5m；交叉铺设时，垂直净距不小于 0.15m 的给水管应铺在排水管上面，若给水管必须铺在排水管的下面时，给水管应加套管，其长度不得小于排水管管径的 3 倍。

检验方法：尺量检查。

ⓑ 管道及管件焊接的焊缝表面质量应符合下列要求。

焊缝外形尺寸应符合图纸和工艺文件的规定，焊缝高度不得低于母材表面，焊缝与母材应圆滑过渡。

焊缝及热影响区表面应无裂纹、未熔合、未焊透、夹渣、弧坑和气孔等缺陷。

检验方法：观察检查。

ⓒ 给水水平管道应有 2‰～5‰ 的坡度坡向泄水装置。

检验方法：水平尺和尺量检查。

ⓓ 给水管道和阀门安装的允许偏差和检验方法应符合表 6-14 的规定。

表 6-14　给水管道和阀门安装的允许偏差和检验方法

项　　目		允许偏差/mm	检验方法
水平管道纵横方向弯曲	钢管　每米全长 25m 以上	1 ≤25	用水平尺、直尺、拉线和尺量检查
	塑料管复合管　每米全长 25m 以上	1.5 ≤25	
	铸铁管　每米全长 25m 以上	2 ≤25	
立管垂直度	钢管　每米 5m 以上	3 ≤8	吊线和尺量检查
	塑料管复合管　每米 5m 以上	2 ≤8	
	铸铁管　每米 5m 以上	3 ≤10	
成排管段和成排阀门	在同一平面上间距	3	尺量检查

ⓔ 管道的支、吊架安装应平整牢固，其间距应符合相关规范要求。

检验方法：观察、尺量及手扳检查。

ⓕ 水表应安装在便于检修以及不受暴晒、污染和冻结的地方，安装螺翼式水表，表前

与阀门应有不小于8倍水表接口直径的直线管段。表外壳距墙表面净距为10～30mm；水表进水口中心标高按设计要求，允许偏差为±10mm。

检验方法：观察和尺量检查

6.7.3 强度严密性试验

室内给水管道的水压试验必须符合设计要求和施工规范的规定。

（1）室内给水管道实验要求 室内给水管道的水压试验必须符合设计要求，当设计未注明时，各种材质的给水管道系统试验压力均应为工作压力的1.5倍，但不得小于0.6MPa。

检验方法如下。

① 金属及铝塑复合管给水管道系统在试验压力下，观测10min，压力降不应大于0.02MPa，然后降至工作压力进行检查，应不渗不漏。

② 塑料给水系统应在试验压力下稳压1h，压力降不得超过0.05MPa，然后在工作压力的1.15倍状态下稳压2h，压力降不得超过0.03MPa，同时检查各连接点，不得渗漏。

（2）室内热水管道试验要求 当设计未注明试验压力时，热水供应系统水压试验的压力应为系统顶点的工作压力加0.1MPa。同时，系统顶点的试验压力不少于0.3MPa。

检验方法如下。

① 热水供应系统：试验压力下，10min内压力降不大于0.02MPa，降至工作压力，检查压力应不下降，且不渗不漏为合格。

② 室内给水管道交付使用前，必须进行通水试验，并做好记录。

6.7.4 冲洗、消毒试验

① 室内给水管道在交付使用前必须冲洗和消毒，并经有关部门取样检验，符合国家《生活饮用水》标准后方可使用。

② 给水管道必须采用与管材相适应的管件。生活给水系统所涉及的材料必须达到饮用水卫生标准。

检验方法：检查试验记录，检验检测报告、水嘴排放水，外观检测。

6.8 同层排水管道

6.8.1 材料验收

排水管材可选用PP（聚丙烯）管、HDPE（高密度聚乙烯）管等符合使用要求的管材，采用快插柔性连接，应配套可调节管件高度的免打孔固定件。

进场验收需要提供的相关资料如下。

① 主要材料进场厂家需提供生产厂家资质、检测报告（复试结果应符合验收规范的要求）、合格证书。

② 管材进场需要复试，复试合格后方可使用。

6.8.2 排水管安装验收

塑料排水管，必须按设计要求规定的坡度或表6-15的规定施工。

表 6-15 生活污水塑料管安装坡度

管径/mm	标准坡度/%	最小坡度/%
50	2.5	1.2
75	1.5	0.8
110	1.2	0.6

塑料排水横管安装时，固定件间距应符合表 6-16 的要求。

表 6-16 塑料排水横管固定件的间距

公称直径/mm	50	75	100
支架间距/m	0.6	0.8	1.0

6.8.3 灌（满）水试验

排水管道安装完成后，应按施工规范要求进行闭水试验。闭水试验应逐层进行试验，以一层结构高度采用橡胶球胆封闭管口，满水至地面高度，满水 15min，再延续 5min，液面不下降，检查全部满水管段管件、接口无渗漏为合格。

6.8.4 通水、通球试验

① 卫生器具交工前应做满水、通水试验。

检验方法：满水后各连接件不渗不漏，通水试验给、排水畅通。

② 管道埋设前应做灌水试验和满水试验，排水应畅通无堵塞，管接口无渗漏。

检验方法：按排水检查井分段试验，试验水头应以试验段管顶加 1m，时间不少于 30min，逐段观察。

③ 排水主立管及水平干管管道均应做通球试验，通球球径不小于排水管道管径的 2/3，通球率必须达到 100%。

检验方法：通球检查。

说明如下。

a. 排水干管、主立管应进行 100%通球试验，并做记录。

b. 通球试验后必须填写通球试验记录，凡需做通球试验的而未进行的，该分项工程为不合格。

c. 通球试验应在室内排水及卫生器具安装全部完毕，通水检查合格后进行。

d. 管道通球直径应不小于排水管道管径的 2/3，应采用体轻、易击碎的空心球体进行试验，通球率必须达到 100%。

e. 主要试验方法如下。

ⓐ 排水立管应自立管顶部将试球投入，在立管底部引出管的出口处进行检查，通水将试球从出口处冲出。

ⓑ 横干管及引出管应将试球在检查管管段的始端投入，通水冲至引出管末端排出，室外检查井需加临时网罩，将试球截住取出。

f. 通球试验以试球通畅无阻为合格，若不通，应及时清理管道堵塞物并重新试验，直到合格为止。

第7章
装配式装修部品应用

　　装配式装修部品应用范围日益广泛，正从局部应用逐渐发展到全体系应用，无论新建还是对既有建筑的改造、居住建筑或公共建筑、混凝土建筑还是钢结构建筑，装配式装修因具有传统装修不可比拟的优势而逐渐被接纳。基于 SI 理念的装配式装修把建筑的结构（Skeleton，支撑体）与内装（Infill，填充体）进行分离，解决传统装修施工质量通病，且具有高精度、高质量、工期短、效率高、干扰小、节能环保等优势，可以提升住宅居住品质，延长建筑物使用寿命，成为传统装修转型升级的必然途径。

　　从装配式装修在新建建筑中的应用来看，新建装配式建筑和新建现浇建筑均可以在新建初期完成建筑结构与装修一体化设计，而装配式建筑结构的建筑产业化手段更利于与信息化手段相结合，通过 BIM 等信息化手段，实现一体化设计，加强建筑全寿命周期的管理与运维。本章分别选择新建建筑局部应用装配式装修、新建装配式建筑全体系应用装配式装修和建筑装修一体化设计项目进行说明。

　　装配式装修在既有建筑改造中的应用更具前景。随着社会经济的发展，人民生活水平日益提高，对居住品质要求逐步提升。国家颁布的《住宅建筑规范》（GB 50368）明确规定"住宅结构的设计使用年限不应少于 50 年"，而内部装修填充体部分直接面对使用者需求的快速变化和个性化要求，大量既有住宅的居住功能已不能满足现代使用功能的要求，由于设计样式布局落后、装修材料老化陈旧、存在安全隐患等原因，室内装修的使用寿命一般为10 年左右，远短于主体结构，在住宅建筑整体全寿命周期内，室内装修能达到 4～5 次以上的更换。既有住宅建筑大部分在经过装修改造后即可焕然一新，继续投入使用。利用装配式装修对既有住宅建筑进行改造，将是未来解决老旧建筑更新问题的一种有效途径。本章选择两个既有建筑改造应用装配式装修的案例进行说明。

　　此外，办公楼、钢结构中应用装配式装修正在逐渐被接受和认可，本章也分别选取了办公楼和钢结构应用装配式装修的案例加以说明。

7.1　局部应用装配式装修部品的新建住宅

　　新建建筑中，有很多采用传统现浇建筑或者装配式建筑结构形式完成之后确定内装选用装配式装修的情况，尤其在室内局部主要功能区（厨房、卫生间），采用装配式装修部品能够减少后期维修和维护带来的麻烦。

卫生间是集洗漱、淋浴、如厕于一体的多功能区域，同时兼容一定的家务活动，如洗衣、贮藏等，是多样设备和多种功能聚合的家庭公共空间，是体现整个居室舒适度、整洁度、安全性和温馨感的重要元素。卫生间由于其管道多、防水施工不好做、使用次数频繁等原因，导致在装修施工中的难度系数较大，稍有不慎或是处理不当，就会直接影响以后的日常生活。传统卫生间装修采用湿法施工，容易出现空鼓、开裂、漏水等常见问题，导致后期维修困难。目前传统卫生间的施工流程一般为：水电改造→防水施工→贴墙砖→贴地砖→吊顶施工→洁具、电器、灯具安装。

以上环节需要不同的工人到现场施工，所需工种：水工、电工、木工、瓦工、卫生洁具安装工等，由于过程复杂，工人手艺不稳定甚至是气候变化等原因，装修结果不可避免地会出现空鼓、开裂甚至导致后期使用中的漏水现象。

在卫生间等局部功能区采用装配式装修部品，全程只需要安装工按照标准程序操作，简化现场施工工序。工业化手段生产的部品，性能稳定，连接精密，根治传统装修中的质量通病，使卫生间施工更简单，居住更方便、省心。

7.1.1 装配式装修应用项目

以北京通州台湖某项目为例，此项目为框架剪力墙结构，建筑层高 2700mm，在建筑结构完工，内隔墙建成之后，内装采用装配式装修。装配式装修部品应用集中在主要功能区：厨房与卫生间的墙面、顶面，整体淋浴底盘，门窗等。

（1）卫生间地面做法　本项目在传统装修基础上改为装配式装修，因此，地面保留结构楼板上的原找平层和防水涂料，在此基础上进行水泥砂浆找平，坡度坡向地漏，地面使用装配式装修部品——卫生间整体底盘可解决后期使用中的漏水问题。地面与墙面连接处，使用与底盘颜色一致的防霉硅酮（聚硅氧烷）密封胶进行密封连接。

整体淋浴底盘如图 7-1 所示。卫生间整体地面、墙面剖面详图如图 7-2 所示。

（2）卫生间墙的做法　本项目卫生间墙面均采用装配式装修部品。原有结构墙、二次隔墙已经用防水涂料做过防水处理，在此基础上的墙面采用工厂生产的装配式墙面（饰面效果可以任意选择），用横向龙骨、钉型胀塞与墙体进行连接，装配式墙面与装配式墙面之间进行密拼连接。横向龙骨、钉型胀塞与墙体连接处使用防水胶垫进行防水处理。卫生间墙面如图 7-3 所示。

（3）卫生间吊顶的做法　卫生间吊顶利用装配式墙面进行搭接。装配式吊顶通过上字形龙骨与几字形龙骨作为专用连接件进行连接。结构顶板与装配式吊

图 7-1　整体淋浴底盘

顶之间的空间可以走管线，装配式吊顶拆卸方便，利于管线的维护和维修。这种装配式吊顶施工简单，无噪声，易于操作，在顶面跨度小于 1800mm 的情况下，可以免打孔、免吊筋，吊顶安装效果来看平整度更高（图 7-4 和图 7-5）。

（4）卫生间洁具、电器的安装　本项目卫生间需安装热水器，考虑到装配式墙面的承重要求，在装配式墙面预置加固板（图 7-6）以保证热水器的安装稳固。

7.1.2 部品应用特点

本项目卫生间采用干湿分离式设计，局部应用装配式装修部品，利用部品本身的优势解

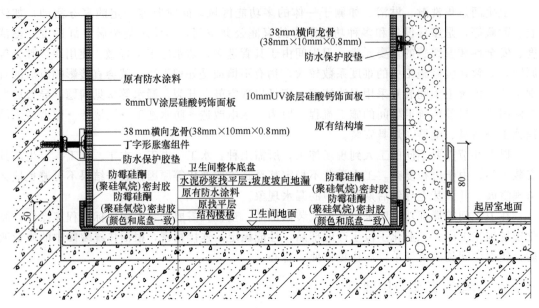

图 7-2　卫生间整体地面、墙面剖面详图

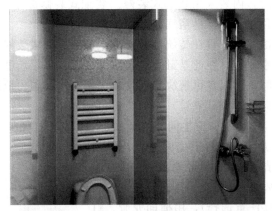

图 7-3　卫生间墙面

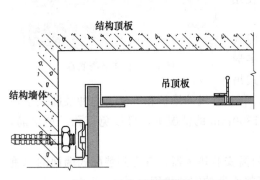

图 7-4　卫生间吊顶做法

图 7-5　卫生间吊顶施工

决卫生间常见质量通病。各部品应用优势分析如下。

（1）卫生间整体淋浴底盘优势　整体淋浴底盘在工厂中柔性生产，一次成型，防水效果

图 7-6　卫生间装修效果

突出，使卫生间地面成为无缝隙的整体，避免开裂、漏水等问题。这种柔性生产的整体淋浴底盘对卫生间空间的适应性强，可以根据实际形状进行定制生产，保证对卫生间使用范围的全覆盖。此外，配套使用的专用地漏，彻底解决卫生间反味问题。

（2）卫生间墙面优势　装配式墙面特别增强防水性能，卫生间墙面使用防水涂料，墙面与墙体连接处使用防水胶垫。此外，在卫生间可以设置止水条等装配式防水构造，设计防水防潮隔膜以增强整体防水性能。

（3）卫生间施工优势　简化施工程序，本项目中卫生间传统装修施工中的贴墙砖、贴地砖、吊顶施工等工序，采用装配式装修，工业化生产的部品整体性强，质量稳定。

此外，若装配式装修局部应用于厨房，更注重部品的防火性与耐油污性。厨房的装配式装修部品以无石棉硅酸钙板和金属为基材，包括墙板、吊顶板等组成内装支撑构造的部品材料，经国家建筑材料测试中心、国家建筑防火产品安全质量监督检验中心检测，燃烧性能等级达到 A 级，尤其适用于厨房灶台位置。厨房使用的涂装墙面材料耐油污，易擦洗。

7.2　全体系应用装配式装修部品的新建住宅

随着装配式装修部品应用被广泛关注和认可，目前在新建居住建筑之中使用全体系装配式装修部品的项目正在逐渐增多，部品的全体系应用更加增强了全屋装配式装修部品的融合性，更大限度地发挥了装配式装修的整体优势。

7.2.1　装配式装修应用项目

新建建筑，尤其装配式建筑结构的项目与装配式装修的匹配度更高。以北京通州某装配式装修公租房项目为例，该项目 10 栋，共 3008 户，整个工程 21 万平方米，采用装配式装修，建筑结构同为装配式。

本项目分为 6 种户型（表 7-1），其中 B 户型占总套数的比重约 53.3%。装配式装修工程于 2015 年 5 月开工，2016 年 9 月 29 日正式交付。项目的装配式装修过程涉及标准化设计、部品工厂生产、现场装配施工等环节，项目施工过程整洁、安静、无噪声，内装与建筑结构穿插施工。室内居住安全、环保，零甲醛、零污染。由于管线与结构分离，分室采用轻钢龙骨轻质隔墙，满足公租房灵活调整空间的居住需求。

表 7-1　项目户型统计

户型	面积/m²	户数/户	户数占比/%
A	40.31	720	23.94
B	29.52	1664	55.32
C	20.88	288	9.57
D	28.92	112	3.72
E	24.62	112	3.72
F	39.88	112	3.72
合计		3008	100

　　装配式装修设计是整个装修过程的关键环节。贯彻管线与结构分离的 SI（Skeleton In-fill）理论，装配式装修设计侧重标准化、集成化和模块化，此外在内装设计上更加侧重与建筑设计的沟通和协调，以保证后期施工的顺利进行。总体来看内装设计遵循以下原则。

　　管线与结构分离。装配式装修的管线与结构分离是实现百年建筑、灵活内装的必要条件，是干式工法的必然要求。随着居住人群家庭结构的变化，会存在对居住空间结构进行调整的需求，传统装修下管线预留预埋，与建筑结构的关系紧密，不利于空间调整。管线与结构分离保证了装配式装修的空间可灵活调整。

　　装配式装修部品设计涉及材料的选择、部品与结构设计的协调、设计与安装的匹配、系统集成等内容。

　　① 设计材料选择以绿色、环保、节能、安全为基本标准。项目的基础材料采用绿色环保材料，可回收、可重复利用。

　　② 装配式装修设计从建筑设计阶段开始介入实现一体化设计。项目建筑设计阶段开始融入装配式装修设计元素，在样板间设计方案中，内装细节与结构的相互协调，比如考虑到卫生间要增设淋浴底盘，而原有卫生间空间无法放置淋浴底盘，洗衣机空间不足，所以将卫生间隔墙向卧室移入 5cm，从而解决空间不足导致的问题。类似沟通还包括厨房排烟管道、卫生间地漏、二次隔墙预留管线等细节部分（图 7-7）。

　　③ 装配式装修设计中优先考虑标准模块。项目中，配合部品的工厂化生产，大量采用标准模块，比如地暖模块、装配式墙面、装配式吊顶。厨房与卫生间采用装配式吊顶，在设计吊顶板排板时优先使用标准规格板，且要保证排板的整体合理性，应沿房间的长向排板，且应注意长度控制，防止过长易导致板材变形（图 7-8）。

　　④ 装配式装修设计综合考虑系统集成。项目的系统集成设计涵盖装配式墙面、装配式地面、集成式厨房、集成式卫生间、厨卫的装配式吊顶以及集成给水部品。厨卫吊顶是通过装配式吊顶与设备设施集成的，比如灯具、排风扇等设备设施（如图 7-8 所示）；装配式地面是装配式楼地面与地暖模块的集成，墙面是装配式墙面与装配式隔墙的集成等；集成厨房系统是橱柜一体化、定制油烟机、灶具等设备的集成；此外设计文件明确所采用设备设施的材料、品种规格等指标。A 反户型五金件安装如图 7-9 所示。

　　设备管线设计是内装设计与机电设备等进行协调的重要一环。期间需要重点考量三个层面的内容。一是预留空间；二是设计的精准度；三是对特殊功能区管线的处理。

　　① 为管线敷设预留空间。预留空间主要位于地面架空层、吊顶、墙面空腔等。墙体内

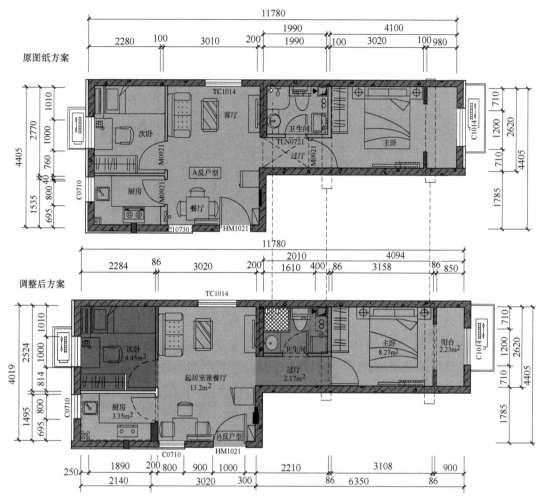

图 7-7　户型方案与内装细节沟通后的调整

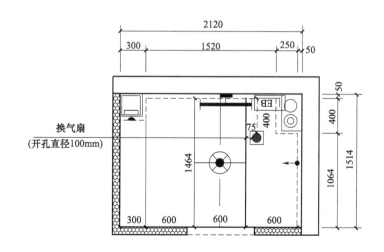

B　卫生间吊顶板排板原则图
SCALE1:25

图 7-8　项目卫生间吊顶板排版原则图

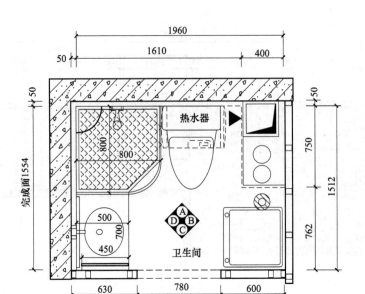

图 7-9　A 反户型五金件安装

有空腔的装配式隔墙，可在墙体空腔内敷设给水分支管线、电气分支管线及线盒等。装配式墙面的连接构造与墙体结合牢固，在墙体内预留预埋管线、连接构造等所需要的孔洞或埋件。

②　管线设计力求精准。与传统装修在建筑结构上开槽打孔不同，装配式装修要求作业现场避免打孔、裁切，因此在设计中要充分考虑管线敷设路径。

③　装配式装修设计时更注意特殊功能区的管线处理。考虑防水要求，卫生间插座设置的位置不能过低，而且要求有防溅盒；厨房插座要综合考虑地柜和吊柜的高度；管线与冷热水管和燃气管的位置关系也需要进行变通处理等。

7.2.2　现场施工优势

（1）统筹安排穿插施工　本项目的内装部分是在建筑主体结构完工之后，二次结构、门窗等安装之前进场施工，通过统筹安排、协调施工，保证项目进度（图 7-10）。

（2）作业程序标准化　装配式装修的工人不依赖传统的手工技能，但是作为产业工人要遵循标准作业程序。比如定位放线严格按照设计图纸，墙面、楼面安装顺序需要在隐蔽工程检测完成之后进行，按照产品的编码顺序进行施工组装等。以地面系统为例，装配式装修的地面系统有严格的施工流程，分为：①架空地脚支撑定制模块，架空层内布置水暖电管；②地脚螺栓调平；③模块内保温板灵活布置水暖管。

（3）作业程序精简化　在装配式装修模式下，很多现场作业得到精简，集成给水部品，现场装配只需要固定管线，并承插接口（图 7-11）。装配式吊顶安装主要分为两个重要步骤：一是专用龙骨与墙板顺势搭接，自动调平；二是专用龙骨承插加固吊顶板（图 7-12）。

（4）施工效果注重用户体验　在管线敷设等环节预留检修口。在厨房、卫生间等特殊功能区，在管线安装施工时要为后期检修集中设置检修口。项目设置了排水检修口，由于与燃气管道位置相邻，因此排水检修口设置成通风百叶。给水管线集中在装配式吊顶，装配式吊顶采用特殊的搭接方式，更利于给水管线检修（图 7-13）。

楼层	相对关系	室内	室外
21	N	结构作业层	止水层
20	$N-1$	拆模及止水层	打磨修补层
19	$N-2$	支顶及止水层	腻子及窗栏杆安装层
18	$N-3$	墙板安装层	窗扇安装层
17	$N-4$	天花腻子	
16	$N-5$	天花吊顶层	
15	$N-6$	厨卫墙地处理层	
14	$N-7$	厅房铺贴层	
13	$N-8$	窗套安装层	
12	$N-9$	墙面挂板层	
11	$N-10$	户内门安装层	
10	$N-11$	部品安装层	
9	$N-12$	地面安装层	
8	$N-13$	保洁开荒层	
7	$N-14$	交付状态	
6	$N-15$	交付状态	
5	$N-16$	交付状态	
4	$N-17$	交付状态	
3	$N-18$	交付状态	
2	$N-19$	交付状态	
1	$N-20$	交付状态	

4层土建 —— (对应楼层 21~18)
10层精装 —— (对应楼层 17~8)
交付状态 —— (对应楼层 7~1)

图 7-10　项目穿插施工安排

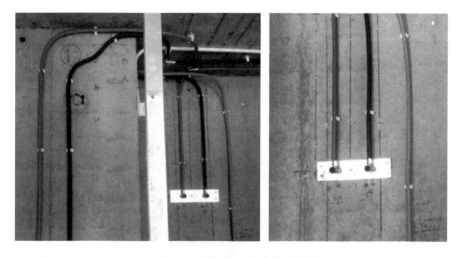

图 7-11　项目集成给水部品应用

（5）施工过程不断创新　本项目是首个采用装配式隔墙的装配式装修项目。在项目施工过程中，首次摒弃抹灰等湿法作业，使用了装配式隔墙。项目中的隔墙，由天轨、地轨以及特制踢脚线完成墙面挂板，整体墙面平整。装配式隔墙的隔声效果检测结果显示，室内隔声符合国家标准❶（图 7-14）。

---

❶　根据《民用建筑隔声设计规范》（GB 50118—2010），户内分室墙的隔音标准≥35dB。

(a)　　　　　　　　　　　　　　　(b)

图 7-12　装配式吊顶施工关键步骤

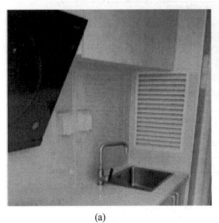

(a)　　　　　　　　　　　　　　　(b)

图 7-13　厨房管线检修口及装配式吊顶的给水管线检修

(a)　　　　　　　　　　　　　　　(b)

图 7-14　轻质隔墙及墙面挂板效果

7.2.3　使用运维优势

项目已经交付入住。部品生产企业安排专业维修人员长期服务于住户，为住户做好售后服务。其主要作用有三个：一是指导新入住租户使用公租房内的内装部品，并提醒住户定期维护和保养；二是随时解决租户使用过程中出现的问题，协助维修；三是搜集租户反馈信息，以便于产品的改进与更新。

（1）定期保养和维护 北京市公租房的租住期限最长为5年，在项目的装配式装修环节充分考虑了项目的维护与保养问题。

（2）零部件的更换 一些常用部件，考虑到长期使用中可能存在磨损，工厂备有常用标准部件可以进行更换，比如水龙头、角阀、软管等小的零部件。

（3）提供使用说明书 项目中的装配式装修使用的每个部品部件都是一件工业化生产的产品，从产品的全寿命周期来考虑，项目交付环节，为每个租户配置了使用说明书，在说明书中明确需要定期保养和维护的注意事项。详细内容涉及建筑结构安全、室内装修（含地面、吊顶、墙面、橱柜、吸油烟机、灶具、浴柜及龙头等小五金件）、防水、门窗等各个部位。

7.3　一体化设计装配式装修的新建住宅

长期以来我国建筑供应方式以半成品为主，各专业缺乏协同。设计不考虑工厂加工厂生产与现场施工的需要，导致工厂加工效率低，人力和物料浪费严重，质量和效率极低。建筑、结构、机电设备、装修各自独立。随着装配式建筑的发展，建筑结构与维护系统、内装系统和机电设备之间的配合显得愈发重要，对建筑产品的系统性整合具有重要意义。

7.3.1　装配式装修应用项目

该项目位于北京市丰台区，总建筑面积21万平方米，住宅建筑面积13万平方米，3002套，建筑高度60m，建筑层数21层。建筑结构与内装都是采用装配式。贯彻SI的干法施工理念，项目在全屋装配系统中基本无湿法作业。传统施工中的抹灰找平等湿法作业，在项目中采用架空、专用螺栓调平替代。现场装配环节，工人用螺丝刀、手动电钻、测量尺等小型工具就能完成全程安装。作业环境整洁安静，且节能环保。

项目采用全屋装配式装修系统解决方案，涵盖厨卫、给排水、强弱电、地暖、内门窗等全部内装部品，形成全屋装配式装修，即装配式墙面、装配式地面、装配式吊顶、集成门窗、集成给水、薄法同层排水、集成厨房、集成卫浴。项目基本实现了CSI的目标要求：采用干法施工，管线与结构分离，部品工厂化生产。

装配式装修的一体化设计。装配式装修的设计理念从项目的建筑设计阶段便开始植入，形成建筑与内装的无缝对接，便于交叉施工，提高效率。

（1）项目采用小户型标准化设计 本项目设计四个标准户型（图7-15），一居室建筑面积40m²左右，两居室建筑面积60m²左右，其中A1户型占比超77%，户型的标准化设计在一定程度上保证了预制构件模具的重复利用率，可有效地降低预制构件生产的成本，利于工业化建造，同时也为内装的标准化、模块化提供了前提。

（2）整体模块化的影响 以厨房和卫浴为例，由于装配式装修中厨卫的模块化，在建筑设计阶段需要将厨卫的模块化数据作为重要参考融入建筑结构（图7-16）。

（3）墙的调整 考虑到装配式装修中的架空层，墙面厚度在建筑设计时需要做相应调整（图7-17）。

（4）吊顶部分的调整 装配式装修采用装配式吊顶，在建筑设计阶段厨卫部分排风排烟

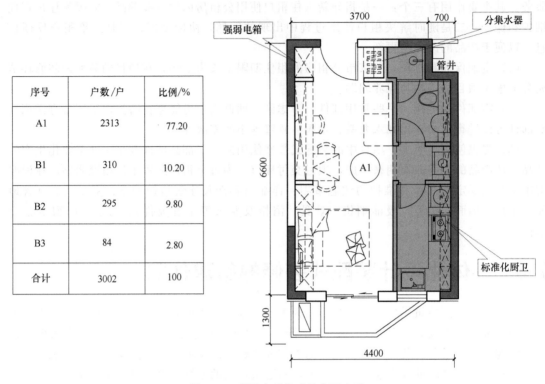

序号	户数/户	比例/%
A1	2313	77.20
B1	310	10.20
B2	295	9.80
B3	84	2.80
合计	3002	100

图 7-15　项目户型类型及主要户型

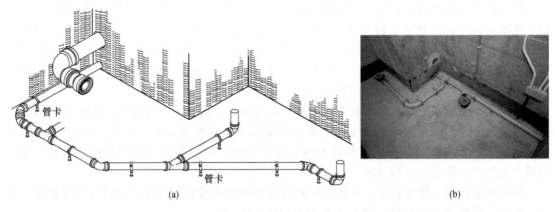

(a)　　　　　　　　　　　　　　　　　　(b)

图 7-16　卫生间同层排水

的高度将装配式吊顶进行综合考虑，预留排风排烟口应高于吊顶位置。

（5）地面的调整　在薄法排水系统中同层排水地面厚度要求达到 120mm 以上，且孔洞预留要与同层排水马桶相匹配。

（6）管线的调整　水暖电的预留预埋设计与传统装修不同，项目中的管线与墙体是分离的，管线布置在架空层，并且接口位置集中，利于检测和维修。装配式装修的管线分离导致工作界面调整，无需预埋，预留部分需要进一步优化设计。

此外，在装配式装修设计中还要充分考虑后期维修的便利性，贯彻标准化的产品设计理念。

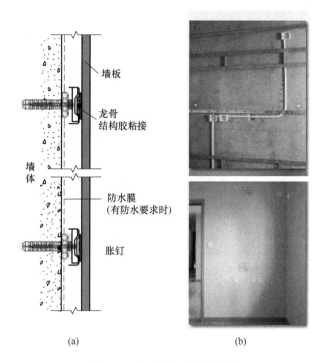

(a)   (b)

图 7-17　墙面架空及装修效果

7.3.2 　一体化设计应用特点

一体化设计导致传统的工作流程发生变化，在前期工作中更加强调多专业协同工作，强调整体的统筹与安排，防止后期施工中出现碰撞，浪费人力与物料。传统装修与装配式装修工作流程对比如图 7-18 所示。

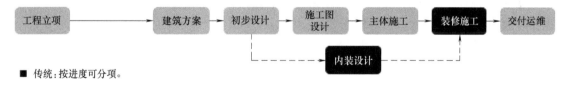

■ 传统：按进度可分项。

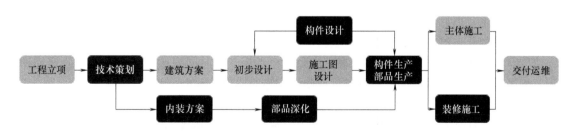

■ 装配式：协同要求与集成度高，部品模数提前植入。

图 7-18　传统装修与装配式装修工作流程对比

一体化设计是实现建筑信息化的前提。以 BIM 技术实现建造过程的场景模拟，增强设计阶段的控制能力，避免施工中出现材料浪费。通过 BIM 实现多专业协同，现场仿真，提升效率，利于后期管理（图 7-19）。

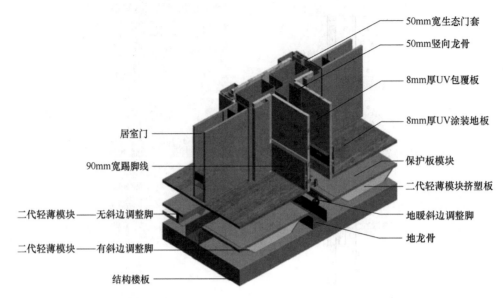

- 50mm宽生态门套
- 50mm竖向龙骨
- 8mm厚UV包覆板
- 8mm厚UV涂装地板
- 保护板模块
- 二代轻薄模块挤塑板
- 地暖斜边调整脚
- 地龙骨

居室门
90mm宽踢脚线
二代轻薄模块——无斜边调整脚
二代轻薄模块——有斜边调整脚
结构楼板

图 7-19　应用 BIM 进行节点分析（㉒隔墙交楼板处三维节点图）

7.4　既有建筑改造应用装配式装修

传统模式下的既有建筑改造伴随着巨大的能源消耗，建筑固体垃圾占到全社会总量的 40% 左右，并产生了近一半的温室气体和 PM2.5。如何减小既有建筑改造过程中的环保压力和各项成本，在环境友好的状态下完成改造早日入住是众多居住者想要达到的理想状态。

既有建筑改造很多是基于业主改善居住环境的刚性需求，需要迫切解决以下几大痛点。

① 对外部环境的挑剔。由于旧房一般处在居民区，旧房改造中首要面对的是物料运输以及存放的不方便。

② 对邻里的影响。拆旧建新所带来的对邻里和周边环境的噪声、装修垃圾堆放等不良影响。

③ 对装修污染的担忧。业主对重新装修是否环保缺乏信心，担心有污染危害健康，装完迟迟不能入住。

④ 对装修质量不放心。旧房往往存在一些很难解决的装修问题，比如墙面潮湿、瓷砖脱落、线路老化以后各种跳闸、水龙头生锈漏水等，翻新之后这些问题往往不能根除，并随着居住时间变长，这些问题很多又会重新出现。

⑤ 对时间成本的考量。一旦开始装修会在相当长一段时间内影响正常生活，装修周期长，施工拖沓进度难以把控，对业主造成隐形成本的增加。

装配式装修在解决既有建筑改造问题中具有其独特的优势，施工优势为：洁、快、静。既有建筑改造项目因施工场地有限，对施工噪声控制要求高，而装配式装修的具体优点如下：

① 物料分户供应，无需集中场地；

② 现场整洁，无建筑垃圾排放；

③ 装修时间短，施工快捷；

④ 装配过程安静无噪声；

⑤ 不扰邻，零投诉。

基于装配式装修技术体系，充分发挥装配式装修绿色环保、经久耐用、可灵活拆改、维护建筑寿命的优点，通过研发适宜的部品与技术，进行内装改造，可以提升居住品质，增强居民幸福感和获得感，促进建筑可持续发展。

7.4.1 四合院改造

四合院是汉族民居形式的典型，已有 3000 多年的历史，最早可以追溯到西周时期。从地域分布上来看，山西、陕西、北京、河北的四合院最具代表性。尤其在北京，四合院处于黄金地段，购买或租住四合院的价格都比较昂贵，由于其特定的历史文化价值，因此对建筑结构的保存具有重要意义，如何提升现有四合院内部空间利用率、提升居住舒适度已成为迫切要解决的问题。

7.4.1.1 项目基本情况

该项目位于北京市白塔寺区域，建筑占地 89m²，设计时间为 2016 年 11 月～2017 年 3 月，施工时间为 2017 年 4～10 月。

装配式装修进行四合院旧改具有四大优势。

① 内装与结构分离：室内灵活拆改，保护主体结构。

② 优化室内空间：墙面、地面架空都采用薄款。

③ 轻薄 loft❶ 楼板：集成采暖系统、装配式安装。

④ 效果美观：室内装修采用壁纸，丰富表达效果。

改造过程中的技术融合与创新如下。

① 动力排水系统与轻薄架空地面系统相结合。

② 空气源热泵系统与集成采暖系统相结合。

③ 轻钢结构与全屋装配式装修、智能家居系统相结合。

基于小空间收纳、定制化设计的个性化创新如下。

① 收纳系统：极小空间的精细化设计，全屋收纳。

② 定制化设计：定制部品与标准部品结合，在工厂中柔性生产，提高空间利用率。

7.4.1.2 改造前后对比

使用装配化装修的集成采暖系统进行装配式施工，完成室内轻薄 loft 楼板安装，优化室内空间（图 7-20 和图 7-21）。

(a)　　　　　　　　　　　　　　　(b)

图 7-20　改造过程中

---

❶ loft 指的是由旧工厂或旧仓库改造而成，少有内墙隔断的高挑开敞空间。

(a)　　　　　　　　　　　　　　　　　　(b)

图 7-21　改造后装修效果

室内客厅区域改造前后对比如图 7-22 所示。

(a) 改造前　　　　　　　　　　　　　　(b) 改造后

图 7-22　室内客厅区域改造前后对比

7.4.2　美丽乡村改造

众所周知，传统装修方式在内装的更新改造中工序复杂、周期长，主要依赖工人现场大量的湿作业，不仅质量差、效率低、污染严重，还存在各种安全隐患，影响农村砖混结构住宅的安全性。在住宅产业转型升级之际，必须推动绿色建设的发展，提高居住环境品质，改变现场湿作业的方式，采用装配式工业化的方式进行内装的更新。装配式装修有利于减少农村建筑垃圾，促进绿色低碳发展。

7.4.2.1　项目基本情况

张马村 299 号自住房，一栋三间两层的房屋以及附属一层小楼，面积 200m²，将原有自住房采用装配式装修体系改造成主题民宿——张马·羲田民宿无极之家 299 号：一楼中间客厅，一侧卧室带卫生间，二楼两个卧室带卫生间，院内小屋一间休息室和一间武术推拿室。

本项目主要运用了装配式架空地面、装配式墙面、装配式吊顶、薄法同层排水、集成给水、集成卫浴。

7.4.2.2 改造前后对比

改造前后对比如图 7-23～图 7-30 所示。

(a) 改造前

(b) 改造中

(c) 改造后

图 7-23 一楼客厅改造前、改造中、改造后

图 7-24 首层卧室改造前

图 7-25 首层卧室改造后

图 7-26 二层卧室 1 改造后

图 7-27 二层卧室 2 改造后

7.4.2.3 装配式装修改造特点

我国农村早期自建房室内布局比较落后、装修老化陈旧，还存在一定的安全隐患，采用装配式装修在不破坏原有建筑布局、保留原有建筑外表文化符号特征的前提下进行翻新改造。

墙面、地面与顶面皆采用双层结构，水电管线集成其中，管线与原有结构分离，不破坏原建筑主体结构，完好地保存了传统农宅风貌，墙和地面材料用绿色节能的硅酸钙板全面替代高耗能的瓷砖制品，具有防水、防火、耐久性和可重复利用的特点，平整度高，易清洁。

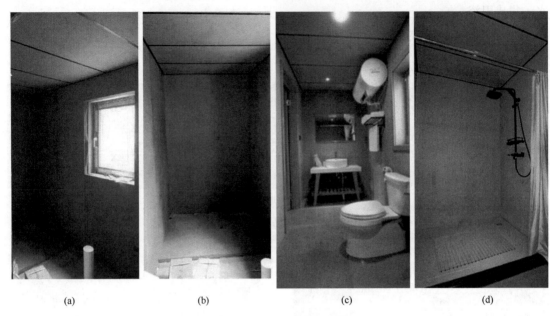

图 7-28 卫生间改造中与改造后

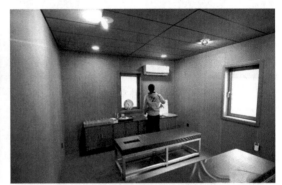

图 7-29 附属楼武功推拿室改造中与改造后

　　整体装修效果体现工业构造之美，尺寸精度和表面平整度大大提高，观感质量更佳。张马·羲田民宿无极之家 299 号改造完成，获得了用户与游客的一致好评。

　　农村传统建筑更新的主要目的在于旧建筑保护与价值创造。相比传统装修改造而言，采用装配式装修改造的优势如下。

　　（1）完整保护建筑外表特征　传统装修改造很容易对原有结构与外表造成多重破坏，装配式装修改造将原有建筑主体与改造内装进行分离处理，不伤及主体结构，不留安全隐患，整体内装体系质量对主体结构载荷影响小，能较好地保护原有建筑文化符号特征，延长农村传统建筑寿命。

　　（2）内装可持续更新　传统装修改造空间格局被固定，当使用者需求发生改变时，原装修拆除极为不便，容易给原有建筑带来又一次破坏，而装配式部品部件拆卸替换方便，便于进行二次改造。

　　（3）施工便捷高效，质量均衡，成本易于掌控　传统装修改造是手工模式、湿法作业，

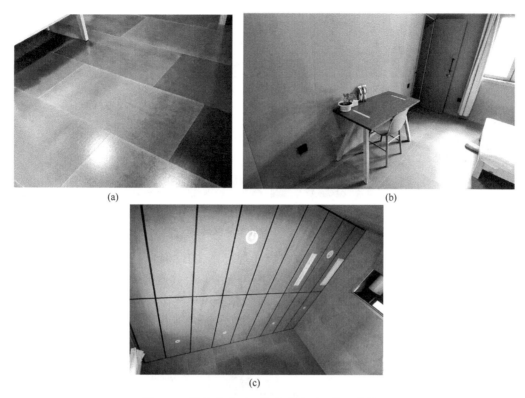

(a)　　　　　　　　　　　　(b)

(c)

图 7-30　装配式地面、装配式墙面、装配式吊顶

工序繁杂，易受气候影响，装配式装修将传统手工作业升级为工厂化生产、现场快速装配完成，工艺和流程标准化，极大地提高了施工效率，成品质量良好，装修效果精度提升，且内装部品可以进行科学的管理与统计，原材料基本无浪费，能精准地把握改造成本。

（4）绿色环保　装配式装修现场整洁干净，无噪声，有效减少了传统装修施工过程中带来的环境污染，同时装配式装修采用硅酸钙板与镀锌钢板为主要原材料，部品绿色环保，装修完成后即可入住，消除了传统装修对健康的不良影响，提升了时间价值与环境价值。且部品部件翻新拆除后残值较高，减少了农村建筑垃圾，促进绿色低碳发展。

7.5　公共建筑应用装配式装修

随着我国大力推广装配式建筑，装配式建筑技术在住宅领域的应用日渐成熟，在公共建筑领域的应用目前还处于尝试阶段，在办公楼中应用装配式装修主要注重的是采用这种内装与建筑结构分离的装修方式，其内部空间可以灵活调整，从而使建筑结构的使用寿命延长。

7.5.1　装配式装修应用项目

该项目位于北京市通州区，建筑面积 20000m²，应用了装配式装修技术，项目技术方案针对公共建筑的特点进行升级，注重办公区的隔声降噪功能，室内空间可灵活调整，以适应不同阶段的办公需求。

本项目装配式装修主要采用了装配式隔墙、装配式墙面、装配式地面、集成复合门以及集成设备和管线（图 7-31）。

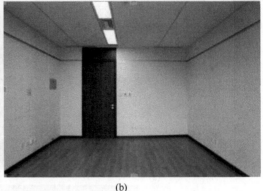

(a)   (b)

图 7-31　办公区装修效果

（1）装配式隔墙　根据《民用建筑隔声设计规范》（GB 50118）的规定，办公室、会议室与产生噪声的房间之间的隔墙、楼板的空气隔声标准，公共建筑对墙体隔声效果的要求低限标准为大于 45dB，高限标准为大于 50dB。办公楼隔声标准比居住建筑更高，应用于办公楼中的装配式隔墙比住宅使用的隔墙更注重隔声性能。隔墙采用轻钢龙骨为支撑架构，填充岩棉，墙内预留管线（图 7-32 和图 7-33）。

图 7-32　办公区分室隔墙

（2）装配式墙面　装配式隔墙表面采用一体化带饰面的装配式墙面，既省工又环保。由于办公楼层高 3000mm，通过挂镜线做装饰，既美观，又可以解决墙面部品应用高度不足的问题（图 7-34 和图 7-35）。

（3）装配式架空地面　采用了架空构造非采暖型，架空层下可以敷设管线，现场施工采用干式工法，取消了垫层，无抹灰，快速装配完成。架空地面高度为 120mm，与常规地面高度相同（图 7-36）。

（4）集成复合门　门窗套和门扇都是在工厂完成制造的，门扇与合页安装模块，门套与合页的安装模块均为集成制造。现场安装使用螺丝刀拧好即可。1 个电动螺丝刀，14 个螺丝钉，即可完成门的安装（图 7-37）。

（5）集成设备和管线　管线敷设在地面架空层、吊顶和轻质隔墙内，可实现快速安装和易拆更换。在办公室内做了与快装板材配套的集成面板模块，可以方便电气管线的更换、增

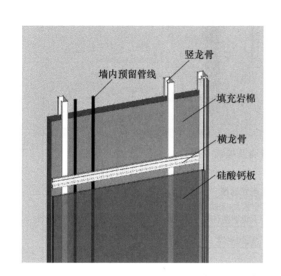
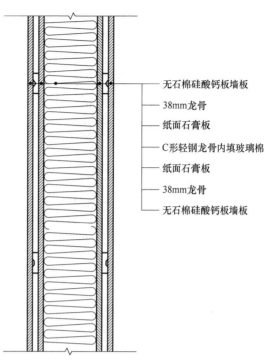

图 7-33　办公区分室隔墙构造

右侧标注（从上到下）：
- 无石棉硅酸钙板墙板
- 38mm龙骨
- 纸面石膏板
- C形轻钢龙骨内填玻璃棉
- 纸面石膏板
- 38mm龙骨
- 无石棉硅酸钙板墙板

左侧标注：
- 竖龙骨
- 墙内预留管线
- 填充岩棉
- 横龙骨
- 硅酸钙板

图 7-34　办公区装配式墙面构造

加和维修。为方便办公，针对性地开发使用了开关集成模块与插座集成模块，为线路扩容预留空间，可随办公室内人员及使用需求，增加开关与插座数量。设备带如图 7-38 所示。

7.5.2　装配式装修应用特点

（1）绿色环保　办公楼的装修基础材料均为环保型材料，并且在工厂预制阶段已经进行了处理，保证现场使用的性能稳定，因此采用装配式装修的办公楼可以即装即住，满足企事业单位的办公需求。

（2）性能稳定、安全　为保证办公环境安全，项目中除会议室使用少量木质吸声板外，所用材料均为 B1 级以上难燃材料。部品在工厂生产环节经过严格的质量检验，保障使用过

图 7-35　办公区隔墙及墙面

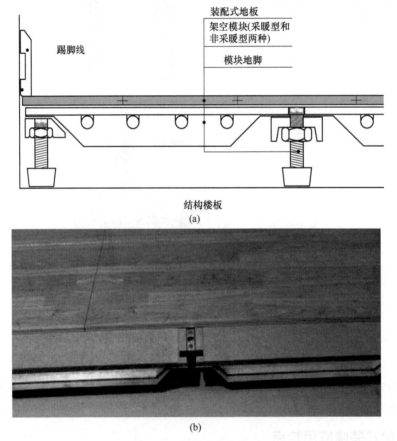

(b)

图 7-36　装配式架空地面

程中的安全性。两种饰面墙板如图 7-39 所示。

（3）空间可灵活调整　采用基于 SI 理念的装配式装修，其最大的特点是内装与建筑结构的分离，这种装修方式能保证内装可以随意拆改，不影响建筑使用寿命，因此当办公区人数变化时可以利用装配式装修的灵活性对内部空间重新进行划分。

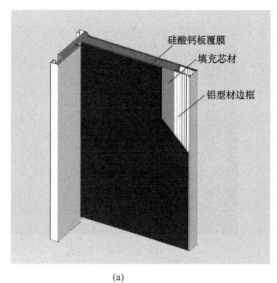

硅酸钙板覆膜
填充芯材
铝型材边框

(a)

(b)

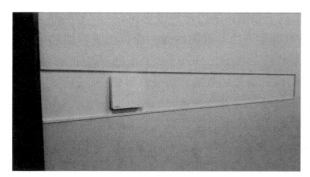

(c)

图 7-37　集成门构造与实际效果

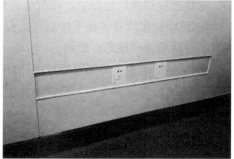

图 7-38　设备带

(a) 面材易清洁、耐擦洗　　　　　　　　　　(b) 会议室成品吸声板

图 7-39　两种饰面墙板

7.6　钢结构与装配式装修的融合应用

钢结构是由钢制材料组成的结构，主要由型钢和钢板等制成的梁钢、钢柱、钢桁架等构件组成。

近年来，我国对钢结构建筑的政策支持力度逐渐增大。2016 年《政府工作报告》中提到，必须积极大力推广绿色建筑和建材，努力发展钢结构和装配式建筑，同时还要提高建筑工程标准和质量。同年 9 月国务院《关于大力发展装配式建筑的指导意见》提出，要以京津冀、长三角、珠三角三大城市群为重点推进地区，常住人口超过 300 万的其他城市为积极推进地区，其余城市为鼓励推进地区，因地制宜发展装配式混凝土结构、钢结构和现代木结构等装配式建筑。

钢结构建筑的优势突出。钢结构建筑物自重仅是砖混结构的五分之一，约为混凝土结构的一半，结构寿命可以达到 100 年，钢结构材料可 100% 回收，具有重量轻、强度高、整体刚性好、变形能力强、材质均匀等特点，因此其抗震性与抗风性良好、施工周期短、节能环保等优势突出，广泛应用于工厂厂房、仓库、大型展厅、机场航站楼、大型体育场馆、高铁站房等建筑，随着国家政策对钢结构建筑的重视，钢结构应用向居住建筑拓展。

在目前应用推广过程中，在传统装修模式下钢结构的内部装修仍存在一定的问题。

① 钢结构建筑自身是干法施工，结构本身易锈蚀，耐腐性差，而传统装修的湿作业方式容易对结构造成破坏性影响。

② 钢结构建筑中的露梁露柱问题，影响内部装修的效果，对装修形成一定的挑战。

③ 钢结构自身易变形，传统装修模式下容易导致开裂现象。

④ 钢结构耐热不耐火。随着温度的升高，钢结构的强度降低，当周围辐射热温度在 150℃ 以上时，就应采取遮挡措施。因此钢结构建筑不但要从结构上采取措施提高耐火等级，对内部装修的耐火要求也不容忽视，装修材料的耐火性也是重要考量因素。

应用管线与结构分离的装配式装修，具有传统装修不可比拟的优势，钢结构与装配式装修从施工到装修效果都能够很好的融合，可以成为钢结构内部装修的最佳解决方案。

① 装配式装修的干法施工与钢结构相匹配。装配式装修的干式作业对钢结构无不良影响，可以避免出现因装修导致结构易锈的问题。

② 装配式装修以大开间为工作界面，与钢结构相契合。钢结构住宅比传统建筑能更好地满足建筑上大开间灵活分隔的要求，并可通过减少柱的截面面积和使用轻质墙板，提高面积使用率，户内有效使用面积提高约 6%。

③ 装配式装修可以灵活调整内部空间，解决钢结构的露梁露柱问题。同时由于装配式装修的饰面材质多样化，可以提升内部装修的美观性。

以钢结构住宅为例，涉及关于露梁问题的解决思路如图 7-40 所示。

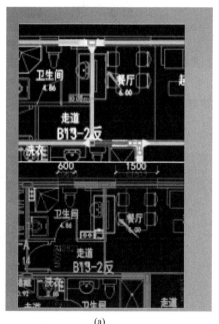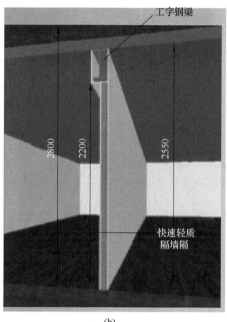

(a)　　　　　　　　　　　　　(b)

图 7-40　居室与餐厅相邻空间露梁问题的处理

如主要居室空间和卫生间/厨房/走道相邻空间露梁的问题，可以将装配式内隔墙墙体与餐厅一侧墙体对齐，梁露在卫生间。卫生间的露梁则可以采用与装配式吊顶相结合进行装修。

居室与居室空间之间的露梁则可以将装配式隔墙居梁中布置，梁露在相对次要的居室空间内，并结合收纳统一处理，居室装修效果如图 7-41 所示。

利用内装灵活可变性结合装配式装修现场免焊、施工方便的包梁包柱工艺，在办公建筑中适用性更强。具体应用如图 7-42 和图 7-43 所示。

④ 装配式装修的材料以硅酸钙复合板和金属为主，不仅材料环保、经济耐用，又方便清洗，避免了传统装修中木地板、实木门和乳胶漆不防水、不环保、不易清洗等诸多问题，而且耐火耐腐蚀。

《装配式钢结构建筑技术标准》（GB/T 51232）中 5.5.4 条梁柱包覆应与防火防腐构造结合，实现防火防腐包覆与内装系统的一体化，并应符合内装部品安装不应破坏防火构造的规定。

采用基于 SI 体系的装配式装修，装饰面层和结构面层分离，不会破坏钢结构原有的防

梁露在书房一侧单纯的包封处理效果 　　梁露在书房一侧结合家具处理后的效果

(a) 　　　　　　　　　　　　(b)

图 7-41　钢结构住宅露梁的处理效果

图 7-42　包柱装配式墙板模块　　　　　图 7-43　包柱装配式墙板安装效果

火涂料层。

⑤ 装配式装修的部品用镀锌钢板做连接件，灵活易于匹配钢结构，适应钢结构的变形问题。

此外，装配式装修无污染、无噪声、方便维护与维修。相比传统装修工期短、与钢结构建筑的快速施工相匹配，可以提高项目成品交付的速度，加快资金周转，大大提高投资效益。

装配式装修在钢结构建筑中的应用本书分别以集装箱钢结构办公楼与钢框架支撑结构（钢管束钢结构）体系住宅为例。

7.6.1　集装箱钢结构办公楼应用

众所周知，箱形房屋集装箱具有如下优点：其钢结构是在 ISO 标准集装箱基础上拉伸的干箱结构，并增加内外保温层、装饰板等完成主体结构；模块化设计，组装方便、快捷；集成水电管线及装饰装修，现场接插即用；采用钢结构骨架，抗震性能优异；墙体采用保温防火材料，保温性能佳，安全防火；配置及布局灵活多变，能充分满足不同的功能需求；可不用基础或采用点式基础，避免大面积硬化土地，最大限度地减少对土地资源的破坏，复垦容易，同时节约成本；环保节能，工厂化制造、装配式施工，现场无湿作业，施工周期短，对环境不会造成长期性、破坏性的影响；产品外观可根据现场环境进行搭配协调；同时，材料 95% 以上可以回收或重复利用，符合"循环经济"的环保理念；拆装式结构设计，打包后运输方便，费用低，并可多次搬迁利用。

7.6.1.1 项目基本情况

本项目集装箱钢结构办公楼是某新区便民服务中心，由 7 栋集成式模块化房屋组成，A、B、C、E、F、G 栋为办公楼，D 栋为酒店式公寓，总建筑面积 36023m²，主体以箱式模块作为基本单位拼接而成。全装配化、集成化的箱式模块建造技术，装配化率达 80%~90%，结构、内装、外装、设备管线等全部在工厂生产，最大限度地减少建造垃圾，集中体现了绿色发展的理念。企业办公区总平面图如图 7-44 所示。

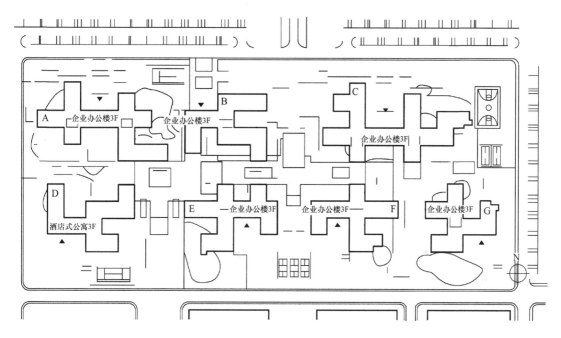

图 7-44 企业办公区总平面图

本项目装配式装修应用于 A、B、C、E、F 栋办公楼室内墙面、钢柱装饰工程、室内门工程，以及 D 栋酒店式公寓楼梯间、卫生间墙面、室内门工程。30000m² 集成墙面、顶角线、踢脚线、1500 个钢柱包覆装修，200 余樘内门历时 1 个月优质高效完工。

企业办公区墙面装饰工程部分在集装箱工厂组装完成，钢柱包覆部分在项目现场组装完成。

7.6.1.2 单元箱搭建过程

现以某一单元的样箱施工过程为例说明此项目在工厂组装的实施过程。单箱安装施工 2 人耗时 2 天。

单元箱平面示意图如图 7-45 所示。

外箱样式如图 7-46 所示。

此方案样箱为新区便民服务中心办公室的一个组件，办公室区域为多个箱体组合而成，接待室采用独立卫生间，走廊为多个箱体连接贯通。施工方案为工厂加工好箱体并安装好空

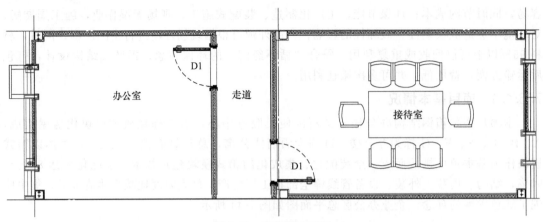

图 7-45 集装箱平面图

图 7-46 集装箱主体结构照片

调管线和水电线路并隔墙制作完成，装饰部分也在工厂完成，运输到现场后连接箱体并处理连接区域装饰部分和其他管线对管井的连接完成施工。

项目的主要施工步骤如下。

（1）箱体焊接和隔墙龙骨以及水电管线施工　见图 7-47。

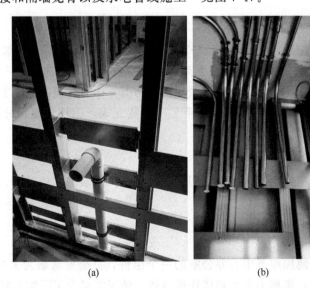

（a）　　　　　　　　　　　　　（b）

(c)　　　　　　　　　　　　　(d)

图 7-47　填充管线

　　集装箱钢结构要求机电管线检修操作更方便，装配式装修的基于结构、内装、管线三分离理论，在实际实施中，内部高度 3.6m，内装墙面高度 2.6m，可以实现管线不在包梁包柱内，而是墙面以上以及顶部。

　　（2）用石膏板封堵岩棉、安装横龙骨　见图 7-48。

(a)　　　　　　　　　　　　　(b)

图 7-48　基层墙板

　　（3）安装墙板（图 7-49）　集装箱钢结构办公楼的内部装修与结构都可以在工厂完成，以成品形式运输到使用现场，采用装配式装修在二次运输中可以保证装修效果不受影响，干法拼接消除装修在二次运输中产生的变形。以工字形龙骨为连接件的装配式墙面，这种结构连接在运输中不会造成墙面脱落开裂，性能与效果明显优于传统湿作业。集装箱工厂墙板装配施工及完成效果见图 7-50。

图 7-49 安装墙板

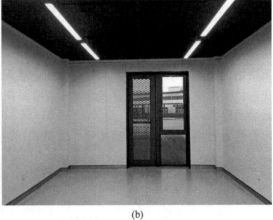

(a)　　　　　　　　　　　　　　　(b)

图 7-50 集装箱工厂墙板装配施工及完成效果

（4）安装内门 门扇由硅酸钙复合门扇面板与铝合金型材集成制造，门套由镀锌钢板集成饰面，工厂批量生产性能稳定，生态环保、防水防火防潮，耐刮擦抗磕碰、抗变形耐老化，20min 即可组装一樘门。样箱内门如图 7-51 所示。

图 7-51 样箱内门

实际项目中，根据甲方要求，匹配办公区的环境，门的饰面进行了调整，调整效果如图 7-52所示。

图 7-52　现场办公区门（左）与卫生间门（右）完成效果

7.6.1.3　现场完成的装配式装修

现场有 1500 个钢柱的装配式装修由专门针对钢结构建筑开发的组合包柱模块完成，该模块由硅酸钙复合板与金属连接件组合而成，表面集成饰面。现场包柱完成效果如图 7-53 所示。

图 7-53　现场包柱完成效果

踢脚线、顶角线均采用铝合金材质，现场干法拼装。踢脚线与顶角线高度 6mm，与墙面齐平，收边与接缝处理达到手工作业难以实现的精度，其完成效果见图 7-54。

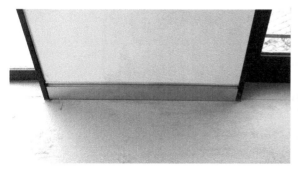

图 7-54　踢脚线、顶角线完成效果

在样箱的基础上，整体项目施工完成后的效果如图 7-55、图 7-56 所示。

图 7-55　室内走廊

图 7-56　卫生间装修效果

7.6.2　钢框架支撑结构住宅应用

钢框架支撑结构体系是指沿房屋的纵向和横向用钢梁及钢柱组成的框架结构来作为承重与抵抗侧力的结构体系。其优点是能提供较大内部空间，建筑平面布局灵活，适用于多种类型的使用功能，自重轻，抗震能力好，施工速度快，机械化程度高，结构简单，构件易于标准化和定制化。

7.6.2.1　项目基本情况

钢框架支撑结构体系以杭州转塘某保障房项目作为案例，项目规划用地面积约 2.4 万平方米，总建筑面积 9.2 万平方米，包括五栋住宅楼以及配套服务用房，住宅楼 20 层，建筑高度 59.8m。全部采用装配式钢结构绿色建筑集成技术体系。

项目主体装配式钢结构（图 7-57）体系为钢框架支撑结构，大跨度、大开间，功能区间分割灵活，不仅住房使用率提高，而且工业化程度高、施工快、抗震性能优、节能环保。

图 7-57　主体装配式钢结构

实施装配式装修的 3# 楼平面图如图 7-58 所示。

现以 C 户型为例进行功能描述，其中 C 户型平面图如图 7-59 所示。

此方案应满足居住类基本功能，空调在卧室采用壁挂式、客厅采用落地式，暂不考虑新

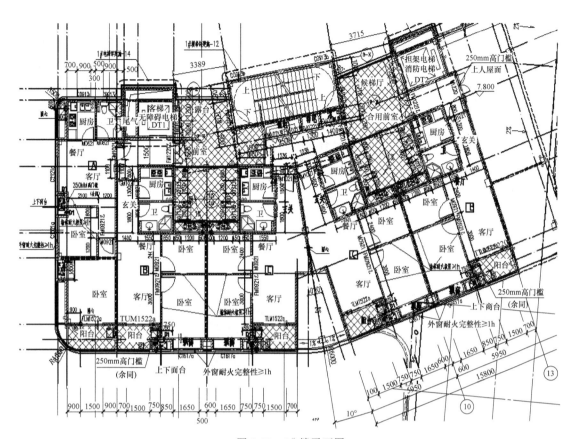

图 7-58　3# 楼平面图

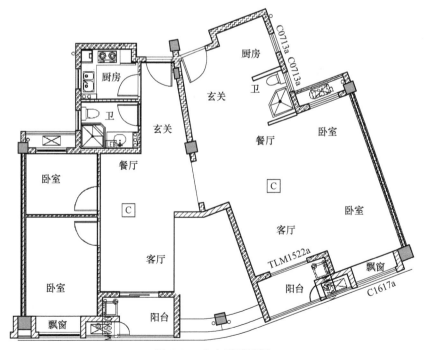

图 7-59　C 户型平面图

风设计，生活热水采用太阳能，其他要求按相应国标或地方法规要求。

　　钢框架支撑结构（钢管束钢结构）体系住宅对隔声防火保温等性能要求较高。因结构采用桁架钢模现浇楼面，需要采用吊顶施工来装饰。楼承板底部不平整，且此楼承板厚120mm，隔声性能一般，故而采用装配式架空地面，可利用架空空间，为居住提供良好的隔声效果，有效减低楼承板的噪声传导影响。分户墙体考虑隔声效果优良的施工方案，分室墙体采用装配式隔墙，隔声达到43dB，满足室内居住需求。墙体填充岩面起到防火、保温、隔声的效果。墙面、地面均以硅酸钙复合板为材料，防火性能优良。

7.6.2.2　项目实施过程

　　主体结构实景如图7-60所示。

(a)　　　　　　　　　　　　　　　(b)

图7-60　主体结构实景

　　室外实景如图7-61所示。

(a)　　　　　　　　　(b)

图7-61　室外实景

　　装配式隔墙采用轻钢龙骨轻质隔墙，质量轻、施工方便，且与钢结构相匹配。隔墙施工实景如图7-62所示。

　　隔墙中间填塞岩棉作为隔声、防火材料。填充岩棉和安装横龙骨如图7-63所示。

　　卫生间地面架空，安装架空模块，其施工实景如图7-64所示。

(a)   (b)   (c)

(d)

图 7-62　隔墙施工实景

(a)   (b)

图 7-63　隔音岩棉实景

　　卫生间轻质隔墙解决了包梁包柱问题，为保证防潮效果，采用安装岩棉防潮膜的办法，其具体施工处理方法见图 7-65、图 7-66。

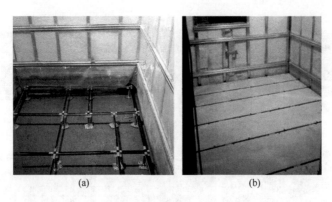

(a)   (b)

图 7-64 卫生间地面架空模块

图 7-65 解决包梁包柱问题

图 7-66 PE 防水防潮隔膜实景

安装装配式墙面，饰面材料可以选择不同的表达效果，项目厨卫墙板实景如图 7-67
所示。

(a)   (b)

图 7-67　厨卫墙板实景

厨房卫生间吊顶采用装配式吊顶，如图 7-68 所示。

(a)   (b)

图 7-68　厨卫吊顶实景

集成卫生间采用一体化整体底盘，整体防水可靠。完成效果如图 7-69 所示。

厨房中预设柜体加固，采用装配式隔墙、装配式墙面、装配式地面、装配式吊顶，整体
易于维护与打理，厨房整体实景照片如图 7-70 所示。

客厅卧室墙面、地面施工过程如图 7-71 所示。

卧室完成后的效果如图 7-72 所示。

客厅完成后的效果如图 7-73 所示。

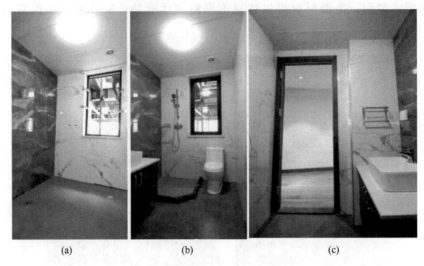

图 7-69　卫生间完成效果

图 7-70　厨房整体实景照片

（a）　　　　　　　　　　　　　　　　　　　　　　　（b）

图 7-71　居室墙面、地面施工实景

(a)   (b)

图 7-72　居室整体实景

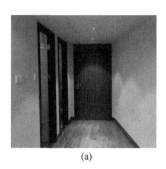  

(a)   (b)   (c)

图 7-73　客厅整体实景照片

参考文献

［1］ 《装配式混凝土建筑技术标准》. GB/T 51231.

［2］ 刘美霞，张素敏. 浅论发展装配化装修对规避火灾隐患的实践意义. 住宅科技，2018（3）.

［3］ 住房和城乡建设部科技与产业化发展中心著. 中国装配式建筑发展报告（2017）. 北京：中国建筑工业化出版社，2017.

［4］ 国务院办公厅关于大力发展装配式建筑的指导意见. 国办发【2016】71号.

［5］ 住房和城乡建设部住宅产业化促进中心编著. 大力推广装配式建筑必读——制度·政策·国内外发展. 北京：中国建筑工业出版社，2016.

［6］ 住房和城乡建设部住宅产业化促进中心编著. 大力推广装配式建筑必读——技术、标准、成本与效益. 北京：中国建筑工业出版社，2016.

［7］ 北京市住房和城乡建设委员会. 居住建筑室内装配式装修工程技术规程. 北京市质量技术监督局，2018.

［8］ 魏素巍，曹彬，潘锋. 适合中国国情的SI住宅干式内装技术的探索——海尔家居内装装配化技术研究. 建筑学报，2014（7）.

［9］ 梁保卫. 在公租房中采用装配式装修的探讨. 中国住宅设施，2012.

［10］ 黄一如，周晓红，殷幼锐. 装配式住宅内装工业化的多样化和本土化. 中国建筑装饰装修，2011（2）.

［11］ 蒋伟，杨家骥. 装配式装修四大基础课题的探讨. 住宅产业，2008（3）.

［12］ 樊则森. 装配式建筑一体化设计理论与实践探索. 建设科技，2017.